タイムカプセルの開き方

博物館標本が紡ぐ
生物多様性の過去・現在・未来

種生物学会　編

責任編集　中濱 直之・中臺 亮介・岩崎 貴也・大西 亘

文一総合出版

How to Open a Time Capsule
-Museum Specimens Weave
Past, Present, and Future of Biodiversity-

edited by

Naoyuki NAKAHAMA, Ryosuke NAKADAI,

Takaya IWASAKI, Wataru OHNISHI,

The Society for the Study of Species Biology (SSSB)

Bun-ichi Sogo Shuppan Co. Tokyo

種生物学研究　第 45 号
Shuseibutsugaku Kenkyu No. 45

責任編集　　　中濱 直之　（兵庫県立大学・兵庫県立人と自然の博物館）
中臺 亮介　（横浜国立大学）
岩崎 貴也　（お茶の水女子大学）
大西　亘　（神奈川県立生命の星・地球博物館）

種生物学会 和文誌編集委員会
（2024 年 1 月〜 2024 年 12 月）

編集委員長　　西脇 亜也　（宮崎大学）
副編集委員長　川北　篤　（東京大学）
編集委員　　　奥山 雄大　（国立科学博物館）
勝原 光希　（岡山大学）
川窪 伸光　（岐阜大学）
工藤　洋　（京都大学）
坂田 ゆず　（横浜国立大学）
佐藤 安弘　（北海道大学）
陶山 佳久　（東北大学）
中濱 直之　（兵庫県立大学・兵庫県立人と自然の博物館）
藤井 伸二　（人間環境大学）
本庄 三恵　（京都大学）
松本 哲也　（茨城大学）
村中 智明　（名古屋大学）
矢原 徹一　（九州オープンユニバーシティ）
渡辺 謙太　（沖縄工業高等専門学校）

はじめに

　自然史博物館に足を踏み入れた瞬間から目に入る，多種多様な植物の押し葉標本，一面ずらりと並べられた昆虫標本，生き生きとした哺乳類や鳥類の剥製標本，そして太古のロマンを感じさせる大型動物の化石標本。こうした生物標本を見て，ワクワクしたことのある読者の方は少なくないだろう。来館者を楽しませ，長い地球の生命史や自然史の壮大さを伝えるのは博物館の一つの役割である。しかしながら，博物館がその役割を高いレベルで担い続けるためには，生物の進化や種の多様性，生態系のしくみに焦点を当てる自然史研究（Natural history）を同時に発展させ続けていくことが不可欠である。

　博物館に収蔵されている標本は，来館者の心を踊らせる展示としての役割だけでなく，この自然史研究に大きく役立っている。例えば，標本の形態情報をもとに新種記載や分類学的再検討などが行われ，標本の採集情報（採集場所，採集年月日，採集者など）は，地域の生物相の解明や野生生物の分布予測などに用いられてきた。これらは自然史研究の根幹となるものであり，生物標本はその解明に大きな役割を果たしてきたといえる。また，その生物相の解明のなかで新たな種が発見されて新種の新しい標本が採集されたり，分布予測結果に基づいて新たな調査が行われて新産地の発見や標本採集が実施されたりというように，得られた研究結果は次の調査と標本採集を促し，そしてそれがまた次の研究の発見へとつながっていく。古くから行われてきた自然史研究では，このような流れを研究界全体で維持することで，新たな発見，そして自然史研究に関連するさまざまな分野の発展にも寄与してきた。

　近年ではさらに新たな標本利用の形として，生物標本の中に含まれる DNA の遺伝情報が自然史研究で広く使われるようになってきている。もちろん生物標本は既に生存していないが，生命の設計図である DNA はその生物が生存していたころの遺伝情報を今でも保存しているのである。もし標本の遺伝情報が利用できれば，どんな新しいことがわかるだろうか。ニホンカワウソ（絶滅種）の標本があれば，もう野外では目にすることができないニホンカワウソと他のカワウソの系統関係がわかるかもしれない。分類が困難なアザミ属の植物について標本が多く収蔵されていたら，形態や分布を調べながら系統解析も行うことで，グループ全体の分類学的研究を大きく進めることができるかもしれない。ギフチョウ（絶滅危惧 II 類）の絶

滅集団の標本があれば，既に失われてしまった絶滅集団の遺伝的多様性や地域性が推定できるかもしれない。水田雑草であるコナギの標本があれば，いつ除草剤耐性遺伝子を獲得して進化したのかを推定できるかもしれない。これらはあくまで一例であるが，「標本の遺伝情報が使えればこんなことができるのに……」と頭の中で思い描いた読者の中にもおられるかもしれない。

　実際にこうした研究は世界中で取り組まれており，驚くべき発見が次々に報告されつつある。ニホンカワウソの剥製からはミトコンドリアDNAのゲノムが決定され，

タイムカプセルとしての博物館標本庫

ユーラシアカワウソに近縁であることがわかった（Waku *et al.*, 2016）。世界中のオサムシがいつどのように多様化してきたかは，現生個体に加えて標本も利用することによって網羅的に解明された（Sota *et al.*, 2022）。ニシツノメドリでは 19〜20 世紀に採集された標本と現生個体を用いることで，遺伝的多様性・地域性の歴史的変化が推定され，地球温暖化による分布域の変化が雑種形成や遺伝的多様性の低下を引き起こしたことが示された（Kersten *et al.*, 2023）。殺虫剤に対して急速な進化を繰り返しているジャガイモの大害虫コロラドハムシの標本からは，各地で殺

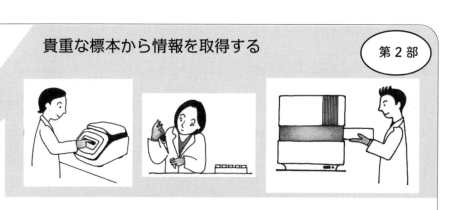

虫剤耐性遺伝子に対する選択圧がかかることで，ウィスコンシン州とニューヨーク州で並行的に殺虫剤耐性が進化したことが示唆されている（Cohen *et al.*, 2022）。このように，博物館標本の遺伝情報の利用は特に 2010 年代以降，爆発的に研究が進んでいる。過去の標本を用いてその生物の歴史に迫る。なんとロマンにあふれる研究だろうか。

　爆発的に研究例が増加した背景には，次世代シーケンサーの開発と普及がある。生物標本は採集から長い時間が経過しているため，遺伝情報は断片化が進んで短くなるなど当初の生物が持っていた DNA と比べ劣化している。従来のサンガーシーケンサーや電気泳動では，劣化した DNA の解析が難しく，そのため研究材料として使用されることはほとんどなかった。次世代シーケンサーでは短断片の DNA も配列決定ができることから，生物標本中に DNA さえ残存していれば，解析は不可能ではなくなってきた。また，DNA だけでなく，安定同位体やタンパク質成分，化学成分などについても，近年の技術の発展によって解析が可能となりつつある。このような発展の経緯を経て，博物館を示す "Museum" と，ギリシャ語で「すべて・完全」を意味する "ome" に「学問」を意味する "ics" を合成した "Omics" という 2 つの言葉を組み合わせた "Museomics（ミュゼオミクス）" という言葉が 2000 年代後半につくられた。この Museomics は，博物館の生物標本が持つありとあらゆる情報を取り出して積極的に利用しようという野心的な学問分野であり，特に海外を中心に怒涛の勢いで研究が進んでいる。実際に Google Scholar によると，2023 年に出版された学術論文のうち，Museomics という単語を含んだ論文は 228 報にのぼっている。

　しかし，先述の通り Museomics 自体がとても新しいものであるため，生物標本からの解析手法を解説した日本語の入門書はこれまでなかった。例えば生物標本の DNA を解析しようとする場合，新鮮なサンプルと比較すると DNA 自体が激しく劣化していることから，通常の手法では解析がきわめて困難であり，実験・解析の過程でさまざまな工夫が必要となる。こうした解析ノウハウが一般的に普及しないと，どれだけ魅力的な研究が可能であろうとなかなか普及しないのも道理である。こうした現状を打破し，生物標本が持つさまざまな情報に多くの方々に興味を持っていただければと思い，本書の制作を思い立った。

　さらに，近年の博物館をとりまく深刻な台所事情も本書を執筆する動機となっている。2023 年，国立科学博物館が電気代などを賄うためにクラウドファンディングを実施したことが話題となった。これは国立科学博物館に限ったことではなく，多

くの博物館が近年の物価の上昇への対応に苦慮している。また近年は収蔵庫の空きスペースが多くの博物館で減少しつつあり，標本コレクションの新規受け入れが厳しくなっているといった問題がある。このように博物館を取り巻く事情はお世辞にも順風満帆とはいえない状況にある。そうしたなか，博物館が収蔵する生物標本に再度注目することで，標本が持っている潜在的な価値を多くの方々に知っていただければ幸いである。

　本書は大きく分けて研究エッセイと解析手法の2つから構成されており，随所にコラムが掲載されている。研究エッセイでは，保全遺伝学，分子系統学，古代DNA, DNAバーコーディングなどによる多様な研究を紹介している。解析手法では，サンガーシーケンシングから全ゲノム解析までを盛り込み，さらに標本をめぐる博物館とのやり取りの注意点を紹介する。手法では基礎的な項目を盛り込むことによって，初学者でもMuseomics研究を始めやすいように配慮した。本書が，生物標本そのものやそれらを用いた研究に興味を抱くきっかけになれば，またさらにご自身でMuseomics研究を始めるきっかけになれば，責任編集一同これ以上の喜びはない。

2024年8月31日　中濱 直之・中臺 亮介・岩崎 貴也・大西 亘

引用文献

Cohen, Z. P. *et al.* 2022. Museum genomics of an agricultural super-pest, the Colorado potato beetle, *Leptinotarsa decemlineata* (Chrysomelidae), provides evidence of adaptation from standing variation. *Integrative and Comparative Biology* **62**: 1827–1837.

Kersten, O. *et al.* 2023. Hybridization of Atlantic puffins in the Arctic coincides with 20th-century climate change. *Science Advances* **9**: eadh1407.

Sota, T. *et al.* 2022. Global dispersal and diversification in ground beetles of the subfamily Carabinae. *Molecular Phylogenetics and Evolution* **167**: 107355.

Waku, D. *et al.* 2016. Evaluating the phylogenetic status of the extinct Japanese otter on the basis of mitochondrial genome analysis. *PLOS ONE* **11**: e0149341.

タイムカプセルの開き方

博物館標本が紡ぐ生物多様性の過去・現在・未来

目　次

はじめに　　　　　　　　　　　中濱 直之・中臺 亮介・岩崎 貴也・大西 亘　3

第 1 部 標本から過去を知り，未来を予測する

第 1 章　標本の DNA 情報からひもとく
絶滅危惧チョウ類の栄枯盛衰と保全　　　　　　　　　中濱 直之　13

第 2 章　博物館標本から稀少種の過去を探る：鳥類の保全遺伝学
表 渓太　33

第 3 章　昆虫の標本 DNA による分子系統解析　　　　　　長太 伸章　49

コラム 1　次世代シーケンサーを用いた海藻類のタイプ標本の遺伝子解析
鈴木 雅大　69

第 4 章　古代 DNA で探る縄文時代の鯨類の遺伝的多様性
岸田 拓士　79

第 5 章　博物館に収蔵されている植物標本の
DNA バーコーディングへの活用　　　　　　　遠山 弘法　95

コラム 2　昆虫の DNA バーコーディングとその利用　　　岸本 圭子　113

第 2 部 標本から情報を取得する方法

第 6 章　標本 DNA の活用法　　　　　　　　　　　　　伊藤 元己　123

第 7 章　標本を対象としたシーケンス解析　　　　　　　兼子 伸吾　135

第 8 章　標本 DNA における
マイクロサテライト解析の手法　　　　　　　中濱 直之　143

コラム 3　博物館標本を用いた同位体分析研究　　　　　　松林 順　149

第 9 章　標本 DNA から MIG-seq でゲノムワイド変異を調べる
　　　　　　　　　　　　　　　　　　　　　　　岩崎 貴也　157

第 10 章　ターゲットキャプチャー法による遺伝情報の収集
　　　　　　　　　　　　　　　　　　　　　　　中臺 亮介　167

第 11 章　少数個体のゲノム全長に基づく集団解析　岸田 拓士　177

第 12 章　DNA を長期保存する昆虫標本の作製手法　中濱 直之　187

第 13 章　植物標本の非破壊的 DNA 抽出　　　　　杉田 典正　191

コラム 4　Museomics をとりまくデータベース　　仲里 猛留　199

コラム 5　ミュゼオミクス時代の博物館とその役割　大西 亘　209

第 14 章　標本のミュゼオミクス的利用について　岩崎 貴也・大西 亘　219

執筆者紹介　239
生物名索引　242
事項索引　243

＊右の二次元バーコードから，
　本書に掲載した図版の一部のカラー版を閲覧できます

第1部

DISCOVERING STORIES:
標本から過去を知り，未来を予測する

　過去から現在へ託されたタイムカプセルである標本を用いて，どのような研究ができるのだろう。研究者が自らの経験を振り返り，可能性を考える。本書では，半自然草原の蝶類（第1章），北海道の鳥類（第2章）を例に生きものの栄枯盛衰とその歴史に迫る物語，時間とともに劣化するDNAから貴重な情報を引き出そうとする研究者の葛藤と創意工夫の物語（第3章，第4章），標本とDNAを用いて生物多様性の実態を認識し，広大な世界に眠る未知の植物種を発見する道のりの物語（第5章）を紹介する。

第1章　標本のDNA情報からひもとく 絶滅危惧チョウ類の栄枯盛衰と保全

中濱 直之 (兵庫県立大学・兵庫県立人と自然の博物館)

祇園精舎の鐘の声、諸行無常の響きあり。
沙羅双樹の花の色、盛者必衰の理をあらはす。

　有名な平家物語の冒頭である。絶滅危惧種の保全研究をしていると，時々この言葉を思い出してしまう。現在は絶滅の危機に追いやられたこの生きものは，過去にはどれだけ栄えていたのだろうか。もちろん，ここで無常観に浸るのではなく，しっかりと保全に向けて研究を進めていかなければならない。そのためには，個体数を減らした理由が何で，どうすれば保全ができるのかを明らかにしていく必要がある。しかし，極端に個体数が減ってしまった，絶滅の危険がきわめて高い生物に関してはこの研究も難しい。

　生物の減少要因を探る方法としては，健全な生息地と，絶滅した，もしくは絶滅のリスクの高い生息地を比較するのが王道である。しかし環境が悪化して絶滅のリスクの高い生息地しか残っていない場合，その生物の保全のための方法や目指すべきゴールがわからなくなってしまう。その場合，過去の情報が大きく役立つ。対象生物やその生息地について，過去と現在を比較することによって減少の過程や理由なども解明できるかもしれない。しかし，過去の情報にさかのぼることは容易ではない。その生物の生息状況や個体数などが，過去に精力的に研究されていれば話は別であるが，そういった研究がされてきた野生生物はごくわずかである。

　この問題を解決する手段として，過去に採集された生物標本の利用が近年注目されている (Nakahama, 2021)。標本は採集された当時の遺伝情報を内包しているため，過去の遺伝的多様性や遺伝構造などの情報に容易にアプローチできる。このため，標本は保全遺伝学にも大きな力を発揮する。筆者らは生物標本の遺伝情報を用いた保全遺伝学的研究を実施してきた。この章では，絶滅危惧種のチョウ2種について研究例を紹介したい。

1. 標本に注目したきっかけ

　そもそも私が標本に注目したきっかけは，大学院時代にさかのぼる。修士課程に在籍していた2012～2014年にかけて，私は草原性植物スズサイコの繁殖と遺伝的多様性に草刈り時期が与える影響について研究をしていた。スズサイコが開花結実する8～9月の草刈りは，繁殖だけでなく遺伝的多様性にも負の影響をもたらすことが示された。しかしここでふと人の手が入る前はどうだったのだろうか？とおぼろげながら気になった。スズサイコに限らず，日本の草原に生息する生きものは，高度経済成長期以降の生活様式の変化にともなう草原面積の激減により，その多くが絶滅の危機に瀕している。言い換えれば，数十年前はより個体数が多かったはずだ。過去の生きものの個体数を知る手掛かりは何かないのか。そこで考え付いたのが，生物標本であった。私は生粋の生きもの好きで，中学～大学学部時代まで大量の昆虫標本を作製していたこともあって，標本への関心は人並み以上に高かったからだ。

　しかし，標本は作製から数年～数百年が経過しているため，DNAが劣化している。特に昆虫標本は，趣味の昆虫採集で収集されることが多く，また形態や分布情報が研究に使用されることも多かったが，DNAを利用することは想定されずに収集・保管がされていた。多くの研究者が標本DNAの塩基配列解読を試みたが，成功している例は当時ごくわずかだった。当然といえば当然である。しかしそんなとき，種生物学会から出版された『種間関係の生物学―共生・寄生・捕食の新しい姿』（種生物学会, 2012）に昆虫標本の遺伝解析方法が掲載されているのを見た。また2013年に静岡で開催された日本生態学会第60回大会で，岩崎貴也さんが植物標本の集団遺伝解析の発表をされていたのを目の当たりにし，難しそうに思えた標本からの遺伝情報の利用も，頑張ったら何とか可能なんじゃないか？そう考え，いつかやってみたいと思うようになっていった。

　修士課程も終盤に差し掛かったころ，私はとても焦っていた。当時就職する気満々だったのが，就職活動に失敗したのだ。進路は未定，さあ困った。ここでふとしたとき，子供の頃の夢が昆虫博士だったこと，また研究活動をやめてしまうことに未練が大きかったことから，エイヤと博士課程への進学を決めた。さて，そうなると次は研究テーマである。絶滅危惧種の保全遺伝学的研究に，標本を用いて過去から現在までの時間的変化を組み込めば面白いのではないか？となると研究対象は，愛好家も標本点数も多く，さらに生活史もよくわかっているチョウだ！と，

頭の中で計画がどんどん決まっていった。あとは当時の指導教官である井鷲裕司先生から OK がもらえるかだ。おそるおそる相談してみると……「いいじゃん！　やってみなよ〜♪」。あっさりと OK をいただけた。

2. 保全遺伝学的なアプローチ

　保全遺伝学を簡単に説明すると，遺伝学的手法を生物多様性保全に活用する研究分野を指す。その活用や事例は多岐にわたるので詳細は割愛するが，ご興味のある読者の方は Frankham *et al.*（2007）を参照されたい。

　特に保全遺伝学で重要なのが，遺伝的多様性や空間的遺伝構造（遺伝的変異の空間的分布パターン）のモニタリングである。後述する近交弱勢を防ぐためには遺伝的多様性の，また遺伝的攪乱を防ぐためには空間的遺伝構造の把握が必須となる。いずれも絶滅危惧種の保全施策決定のためには欠かせない情報であるが，残念ながら現状ではこうした遺伝情報が明らかにされた絶滅危惧種はさほど多くない（中濵ほか, 2022）。特に草原に生息する生物は環境悪化が著しいことから，遺伝的多様性や有効集団サイズ，空間的遺伝構造などが短い間に大きく変化している可能性がある。そのため，絶滅危惧種の標本から過去数十年間の遺伝的多様性や有効集団サイズの変遷をたどり，さらに遺伝的多様性に影響を及ぼす環境要因を特定できれば，その対象生物種の保全に大きく役立つのではないかと考えた。

2.1. 絶滅危惧種コヒョウモンモドキ

　おおよその研究方針は決まったが，具体的な対象種を決める必要がある。修士課程のテーマの共同研究者だった神戸大学の丑丸敦史さんと，神戸大学博士後期課程の学生だった内田圭さんに相談したところ，コヒョウモンモドキが適切ではないかとのことだった。ここ数十年で激減していること，また愛好家の人気が高く標本点数が多いことが理由だった。

　ここでコヒョウモンモドキ *Melitaea ambigua*（図 1）について簡単に解説しておこう。本種はタテハチョウ科ヒョウモンモドキ属に分類され，国内では関東〜中部地方の標高の比較的高い半自然草原（後述）に生息するチョウである。幼虫はクガイソウやミヤママママコナなどを摂食し，成虫は年に一度，7 月頃に出現する。数十年前までは，生息地に行けば非常にたくさんの個体が見られたものの，2010 年代には多くの場所で絶滅してしまっていた。また生き残っている場所においても観察できる個

図1 コヒョウモンモドキ
コウゾリナの花から吸蜜をしている。

体数が減少していることから，環境省レッドリスト（2020）では絶滅危惧 IB 類に選定されており，2023 年には国内希少野生動植物種にも選定された。減少の理由としては，生息地である半自然草原の急激な減少が考えられるものの，本種について保全遺伝学的な研究はされておらず，詳細は謎に包まれているようだった。

2.2. サンプリングの日々

　無事に博士課程に進学し研究を始めるにあたって，まずはサンプル収集をする必要があった。とにかくこれが一番大変だった。この研究で実施する予定のマイクロサテライト解析（**第 8 章**参照）には，遺伝的多様性の算出に地点当たり 20 個体程度が必要となる。過去から現在まで比較するのであれば目的の年代と場所で採集された標本がそれぞれ 20 個体程度必要となるのだ。知り合いのチョウ類の愛好家，また自然史博物館や大学などに連絡を取りまくり，DNA 抽出用にコヒョウモンモドキの標本から脚を採取させてほしいとお願いしていった。チョウ類標本は触角と翅の美しさは重視されるものの，脚はあまり重視されないことが多い。また，DNA 抽出後の脚は返却もできる。ありがたいことに多くの方は標本のサンプル提供に好意的で，最終的に 40 人近いチョウ類愛好家，9 館の博物館，昆虫館，大学，研究所から 2000 個体近い標本サンプルを提供していただくこととなった。

　また，現存生息地からのサンプリングも困難を極めた。成虫の発生時期はせいぜい 2 週間程度しかなく，事前に調べて行った場所はすでに絶滅していたことも多かった。「またボウズか……」とがっくりして宿に戻る日が何と多かったことか。それでも，2014〜2015 年の 2 年間で生息地をひたすら回り続けた結果，10 地点程度でマイクロサテライト解析ができるレベルの個体数を集めることができた。余談だ

が，サンプリングの際にはほとんど個体を殺していない。チョウ類の場合，翅脈を含めた後翅2〜3 mm^2 程度を切り取ると，十分に遺伝解析ができるためである。この程度の採取であれば，すぐにリリースすれば繁殖や生存に悪影響を及ぼさないことが先行研究でわかっている（Hamm *et al.*, 2010）。なんとも絶滅危惧種に優しい研究方法だ。

2.3. PCR に成功！

さて，研究のハードルはもう1つあった。果たして無事に標本の遺伝解析は成功するのか……？　である。今回実施した解析手法はマイクロサテライト解析である。この手法は，ゲノム中に散在する ATATATAT や GTTGTTGTTGTT などといった DNA の単純反復配列（マイクロサテライト）を利用する。一般に，単純反復配列は繰り返し数の多型が多いという特徴があり，複数の遺伝子座を解析することで個体識別まで可能となるほどの識別力を得られることがある。種ごとに解析用のマーカーを開発する必要があるのがやや面倒であるものの，いったんマーカーさえ作ってしまえば，PCR による増幅と増幅産物の長さを調べるだけで解析が完了できる優れモノである。

コヒョウモンモドキのマイクロサテライトマーカーは作られていなかったので，当時研究室にあった次世代シーケンサー Ion PGM を用いてコヒョウモンモドキの DNA をショットガンシーケンスし，得られた配列からマイクロサテライトマーカーを設計した。ここで気をつけたのが，とにかく PCR 産物長の短いマーカーを設計することだ。通常は，180〜350 bp 程度の PCR 産物長のマイクロサテライトマーカーを設計することが多いが，標本中の DNA は多くが 200 bp 以下に断片化している（Nakahama & Isagi, 2017）。そのため，このときはできる限り PCR 産物の長さが短くなるように，70〜170 bp 程度の長さになるプライマーを設計した。

さて，いよいよ解析である。とにかくできることはやった。祈りながら解析結果をパソコンで見てみると……期待通りの PCR 産物が得られていた。つまり，30年前の標本でも PCR は成功していた!!　このときばかりはパソコンの前で，1人でガッツポーズをしていた。一方で，やはり40年以上前の古い標本は失敗していることが多く，また PCR 産物長が 150 bp を超えるマーカーは PCR に失敗しているケースが多かった。それでも，30年前よりも新しい標本ではコンスタントに成功していたので，これらのデータを用いて研究を進めることにした。

さて，結果に移る前に箸休めも兼ね，コヒョウモンモドキの生息する半自然草原

図2 半自然草原
兵庫県砥峰高原。このような一面の大草原は、日本でもかなり珍しくなってしまった。

について先に解説しておきたい。

3. 半自然草原とは？

　半自然草原（図2）とは、草刈りや火入れなどの人間による管理によって草原状態が維持された植生を指す（須賀ら，2012）。日本は温暖湿潤であるために、人間もしくは自然による攪乱がない場合は、ほとんどの場所が遷移によっていずれ森林になってしまう。しかし、草刈りや火入れが定期的に実施されることで樹木は生育できず、結果として草原環境が維持されるのだ。

　いい方を変えれば、半自然草原が維持されてきたのはそれらが人間の生活にとって欠かせないものだったからだ。半自然草原から得られる草は、家畜の餌や茅葺屋根の材料、田畑の肥料などに活用されてきた。また、大型獣の狩猟の際に、獲物を見つけやすくするために森林が切り拓かれたともいわれている。日本では特に縄文時代以降に半自然草原は面積を増大させていった。その証拠として最近注目されているのが、黒ボク土という黒色の土壌である。この土壌には微粒炭が豊富に含まれているのだが、この微粒炭は火山活動のほか、草原管理のための火入れによっても生成される（須賀ら，2012）。実際に、日本土壌インベントリー（https://soil-inventory.rad.naro.go.jp/index.html）によると、国土面積の3割程度において黒ボク土が堆積しており、こうした場所の多くは、過去に草原環境が維持されていたと考えられている（須賀ら，2012）。また、古文書の記録から推定された研究でも、江戸時代には国土の2〜3割が草原環境であり、大阪府東部や富山県などは山地の7割程度が柴草山だったともいわれている（小椋，2006）。

萩の花　尾花葛花　なでしこの花　女郎花　また藤袴　朝顔の花

　これは奈良時代に山上憶良が詠んだ和歌であり，秋の七草の由来だとされている。詠まれているのは，いずれも半自然草原で普通に見られる植物である（「朝顔」はキキョウを指す）。このように半自然草原は，古来日本人にとって非常に身近な生態系であった。

　しかし，高度経済成長期以降に状況は一変する。この時期に石油や家畜飼料が海外から輸入されるようになると，草は生活に必須ではなくなり，草原を維持する必要もなくなってしまった。また，戦後，拡大造林事業や土地開発事業が全国的に推進された結果，草原は国内で急速に減少した。20世紀初頭は国土の10%強が草原環境だったが，現在（21世紀初頭）は国土の1%程度にまで減少してしまっている（小椋，2006）。結果的に，多くの草原生物が生息地を失い，絶滅危惧種に選定されてしまった。ここで紹介しているコヒョウモンモドキも，その1つなのだ。

3.1. 草原面積と遺伝的多様性

　本研究ではコヒョウモンモドキが生息する草原面積について年代ごとの定量化を試みた。過去の空中写真については，国土地理院の公開しているウェブサイト「地図・空中写真閲覧サービス」（https://mapps.gsi.go.jp/maplibSearch.do#1）で1940年代，1970年代の全国の空中写真が公開されている。GISを用いてこれを取り込み，面積を算出した結果，どの生息地も1940年代以降急速に草原面積が減少していることがわかった。

　各生息地からできる限りコヒョウモンモドキの標本や新鮮なサンプルを集め，1985年前後，2000年前後，2015年前後の年代ごとに遺伝的多様性（対立遺伝子多様度，ヘテロ接合度期待値）や有効集団サイズを算出した。その結果，調査したほとんどの生息地で遺伝的多様性は減少傾向にあることがわかった（図3）。では，なぜ遺伝的多様性が減少したのだろうか。この研究では先述した各年代の草原面積のデータ，アメダス（地域気象観測システム）から各生息地・各年代の年間平均気温のデータ（最近隣の気象観測所のデータを参照して補正した）を取得した。こうして取得した各生息地の年間平均気温と草原面積（遺伝的多様性算出年代の面積と40年前の面積）を説明変数として，それらが遺伝的多様性と有効集団サイズにどのような影響を及ぼしていたかを推定した。

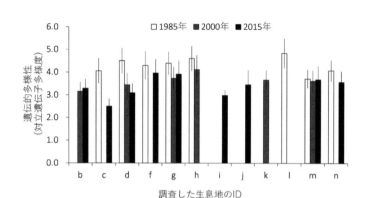

図3 1985年前後，2000年前後，2015年前後のコヒョウモンモドキの遺伝的多様性（対立遺伝子多様度）

多くの生息地で減少傾向にある。バーは標準誤差を示す。

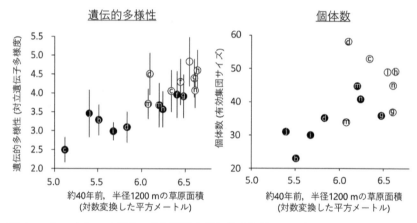

図4 コヒョウモンモドキの草原面積と遺伝的多様性，個体数の関係

〇は2015年前後の遺伝的多様性と個体数に対する1975年前後の草原面積。●は1985年前後の遺伝的多様性と個体数に対する1945年前後の草原面積を示す。丸内のアルファベットは各生息地のIDを，バーは標準誤差を示す。

統計解析の結果，興味深いことが判明した。年間平均気温は，遺伝的多様性や有効集団サイズに有意な影響を及ぼしていなかった。一方で，草原面積と遺伝的多様性，また草原面積と有効集団サイズはそれぞれ正の相関関係にあり，遺伝的多様性算出年代の約40年前の草原面積を説明変数とすることで最も予測力の高いモデルが構築された（図4）。つまり，草原が減少して40年後に，遺伝的多

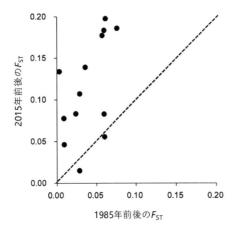

図5 調査した集団間の，1985年前後と2015年前後の固定指数 F_{ST}（遺伝的分化の指標）

30年間で遺伝的分化の程度が変わらないのであれば点線上にプロットされるはずが，多くの集団間で点線の左側にプロットされている。つまり，遺伝的分化が増大していることを示す。

様性や有効集団サイズが減少したということだ。この，環境悪化から一定の時間が経過してから悪影響が顕在化する現象は「絶滅の負債」と呼ばれ，多くの絶滅危惧種で観測されている（Kuussaari et al., 2009）。このため，過去から現在にかけての草原面積の減少が著しい生息地では，コヒョウモンモドキの減少や絶滅のリスクが高く，特に保全の緊急性が高いということになるだろう。一方で，年間平均気温はコヒョウモンモドキの遺伝的多様性や有効集団サイズに有意な効果をもたらさなかった。近年は地球温暖化などによる生物多様性の喪失が心配されているものの，本種に限っていえば，気温が個体群の存続に与える影響は小さいのかもしれない。

3.2. 空間的遺伝構造が急激に変わった！？

空間的遺伝構造とは，遺伝的な組成の空間的な分布パターンのことであり，保全単位（遺伝的にも適応的にも異ならないと考えられる種内の集団の範囲）の設定にしばしば活用される。本研究でもコヒョウモンモドキの保全単位を設定するために，1985年前後と2015年前後それぞれの空間的遺伝構造の指標として固定指数（F_{ST}）を推定した。その結果，非常に驚くべき結果が判明した。なんと，たった30年間で生息地間の遺伝的分化が有意に増大していたのだ（図5）。空間的遺伝構造は長い時間をかけて形成されるのが普通なので，たった30年で大きく変わることは衝撃的だった。

これには2つの理由が考えられる。まずは，生息地の孤立化である。通常多く

の生物では，生息地間を自力で移動する個体がいるので，近距離であれば生息地間の遺伝的な組成はよく似ている。しかし，コヒョウモンモドキは先述の通り生息地である草原が減少しており，各生息地が孤立したことによって，生息地間の移動の頻度が下がった可能性があった。遺伝データを元に BayesASS というプログラムで生息地間の個体の移動を推定してみると，実際に移動の頻度が減少していたことが示された。もう 1 つの理由は，個体数の急減による遺伝的浮動である。遺伝的浮動とは，どの個体が子孫を残すかという偶然性によって集団内の対立遺伝子の数や頻度が大きく変わる現象で，個体数が減少したときにその影響が大きくなる傾向にある。それぞれの生息地で遺伝的浮動が生じれば，生息地間で遺伝的分化が増大していく。草原の面積の減少とともにコヒョウモンモドキの個体数も減少した可能性が高く，そうした生息地で大きな遺伝的浮動が生じた可能性も十分考えられるだろう。

かくして，たった30年間で空間的遺伝構造は大きく変化していたことが示された。このような空間的遺伝構造の変化は，コヒョウモンモドキに限らず近年に個体数が急激に減少している他の絶滅危惧種でも容易に起こりうると考えられる。実際に，ヨーロッパイエスズメでも同様の結果が報告されているし（Kekkonen *et al.*, 2011），コヒョウモンモドキと同属近縁種のウスイロヒョウモンモドキではより顕著に空間的遺伝構造が変化していた（Nakahama & Isagi, 2018）。ここで注意すべきは，1 年程度で世代交代をするような寿命の短い動植物の場合，生息地の孤立や遺伝的浮動によって容易に空間的遺伝構造が変化しうるということである。このように今回の研究では，その種が本来持っていた空間的遺伝構造を復元するのに，標本が大きな威力を発揮することが示された。特に種の保存法で国内希少野生動植物種に選定されるような絶滅危惧種の場合，現在も生存する個体数はごく少数であるため，標本の遺伝情報の価値は非常に大きいだろう。

3.3. 草原面積とコヒョウモンモドキの歴史

本研究では新鮮なサンプルからミトコンドリア DNA の COI 配列を決定しており，Bayesian Skyline Plot 法（Drummond *et al.*, 2005）を用いて，過去 1 万年間の集団動態（有効集団サイズの歴史的変遷）を推定した。その結果，過去 3000～6000年前（縄文時代中後期）に，コヒョウモンモドキの有効集団サイズが大幅に増加していたのだ。この時期はちょうど黒ボク土が各地で生成された時期とも重なることから，草原面積の増加にともなってコヒョウモンモドキは縄文時代以降に個体数を

増加させたと考えられた。

一連の研究をまとめると，コヒョウモンモドキは縄文時代から近代までは草原面積の拡大や維持にともなって個体数を増やした一方で，現代の草原面積の急激な減少により個体数を減少させていた。まさに，草原の拡大と縮小とともに，コヒョウモンモドキは栄枯盛衰の歴史を歩んだこととなる。これらの成果は，Nakahama *et al.*（2018）として論文出版したので，興味のある読者の方は是非ご覧いただきたい。

4. マイクロサテライトから MIG-seq へ

2017 年に無事に京都大学で学位を取得し，その後 2 年間は東京大学で学振 PD として過ごした。この間，受け入れ教員だった伊藤元己先生から研究手法についてさまざまな手ほどきを受けた。特に収穫だったのが，2015 年に東北大学で開発された MIG-seq 法（Suyama & Matsuki, 2015）だ。これは，ゲノム中に存在するマイクロサテライト領域とマイクロサテライト領域にはさまれた ISSR 領域（inter simple sequence repeat region）をプライマーで増幅，それを次世代シーケンサーで網羅的に配列決定し，そのなかの一塩基多型（SNP）を多型情報として用いる手法である。MIG-seq 法は種特異的なマーカーが必要ないこと，ゲノムを縮約した多数（数百〜数千座）の SNP が一度に得られること，多少劣化した DNA でも解析が可能という数々のメリットから，今後の集団遺伝解析の主流になるとされていた。幸運なことに，開発者である陶山佳久先生のもとに伊藤研メンバーで勉強に行かせていただき，そこで MIG-seq 法をしっかり学ぶことができた。またナガサキアゲハの標本で予備解析をする機会に恵まれ，20 年ほど前の標本でも SNP を獲得できそうだということがわかった。この MIG-seq を用いて，生物標本から保全遺伝学的研究ができないか？　そう考えていたとき，ミヤマシロチョウについて相談を受けた。

4.1. 絶滅危惧種ミヤマシロチョウ

ミヤマシロチョウ *Aporia hippia*（図 6）は，標高 1400 m 以上の亜高山帯の草原や疎林に生息するシロチョウ科の昆虫である。国内は飛騨山脈，美ヶ原，浅間山系，八ヶ岳山系，赤石山脈に生息していることが知られていたが，現在は飛騨山脈と美ヶ原では見られなくなっている。また他の生息地でも個体数を減らしていることから，環境省レッドリスト（2020）では絶滅危惧 IB 類に選定されている。

私が保全策に関する相談を受けたのは，八ヶ岳のミヤマシロチョウだった。八ヶ

図6　ミヤマシロチョウの乾燥標本
（信州大学自然科学館蔵）

岳のミヤマシロチョウも 2017 年以降は野生個体が見つからなくなり，絶滅の危険が高まっているとのことだ。もし仮に野生復帰（生息域外で保全した個体を，既存集団やかつての生息地に戻すこと）をするとなれば，ミヤマシロチョウの本来の空間的遺伝構造を乱さないためにも，八ヶ岳の個体群と遺伝的に近縁な個体群を再導入源に使用する必要がある。しかし，当時ミヤマシロチョウの空間的遺伝構造を明らかにした研究はなかった。ちょうど MIG-seq に興味を持っていた私は，渡りに船ということで，この相談を受けて研究を実施することにした。またちょうどこのタイミングで，無事に就職が決まり，東京大学から兵庫県立大学自然・環境科学研究所に講師（兵庫県立人と自然の博物館研究員を兼任）として着任することになった。

4.2. またもや苦労したサンプリング

ミヤマシロチョウのサンプリングはコヒョウモンモドキに輪をかけて困難だった。1970 年代に長野県と山梨県で天然記念物に指定されていたため，比較的新しい標本がほとんど残っていないのである。幸い，浅間山系ミヤマシロチョウの会，山梨県富士山科学研究所，信州大学，ふじのくに地球環境史ミュージアムの協力を得て，絶滅した 2 生息地を含む合計 5 生息地のサンプルを確保することができた。いずれも採集許可を得た現存個体と過去の個体（冷凍サンプルもしくは博物館に収蔵された標本サンプル）である。飛騨山脈，美ヶ原については，残念ながら解析が可能なサンプルを手に入れることができなかったが，ひとまずはこれで十分だろう。入手したサンプルで MIG-seq を実施した。

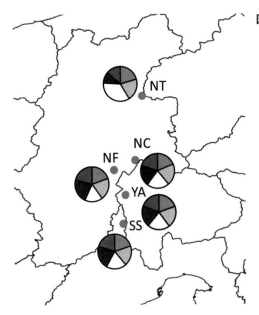

図7 STRUCTURE解析に基づくミヤマシロチョウの空間的遺伝構造

円グラフにおける各分割は，5つのクラスターに分けた場合の各集団内のクラスターの頻度を示している。アルファベットは集団のIDを示す。

4.3. MIG-seqと標本DNA

　ミヤマシロチョウの解析に先立ち，せっかくなので，ふじのくに地球環境史ミュージアム所蔵の1990～2010年代の標本から脚を使用させていただき，MIG-seqで古い標本の解析からどれくらいデータが得られるか予備実験を行った。残念ながら，マイクロサテライト解析ほど過去の標本のDNAを解析することはできず，2010年代の標本で成功したのみにとどまった。その理由は，古い標本ほどDNAの断片化が進行しているためだと考えられる。マイクロサテライト解析のDNA断片のターゲット部位は，マーカーによっては100 bpよりも短くすることができる。一方で，MIG-seq法の標準的なプロトコルに従って実験を行うと，100 bp以下になるような短いフラグメントを切り捨ててしまうことになる。ヨーロッパイエコオロギを用いた実験では，通常の乾燥標本を作製してから半年後には，およそ半数で710 bpのPCRが失敗していた（Nakahama *et al.*, 2019）。昆虫の乾燥標本ではDNAの断片化が予想以上に早く，古い標本を対象とする場合には，サイズセレクションやシーケンシングの設定を短めに変更するなどの対策が必要である。ただし，後述の通り植物の乾燥標本の場合は状態がよければ比較的長いDNA断片が長期間残存するため（岩崎ほか, 2019; Nakahama *et al.*, unpublished data），MIG-seqは植物標本の解析

には条件変更を行わなくても有効な場合があることがわかっている。

4.4. ミヤマシロチョウの空間的遺伝構造

　ミヤマシロチョウに話を戻そう。解析の結果は驚くべきものだった。亜高山帯に生息し、山系間の個体の移動がほとんどないと考えられたので、山系ごとに遺伝的分化をしていると当初は考えていた。しかし、浅間山系（NT），八ヶ岳山系（NC），赤石山脈（NF，YA，SS）のどこを比較しても、遺伝的な分化がほとんどないのである（図7）。そもそも MIG-seq では、通常、数百〜数千程度の一塩基多型（SNP）が得られるはずなのだが、ミヤマシロチョウの場合は、SNP のあった遺伝子座がたった 121 座しかなかった。前述の通り、標本サンプルから得られる遺伝子座のデータの充足率は、DNA の劣化により低くなりがちであるが、新鮮なサンプルから得られた遺伝子座も 121 座しかなかったのである。得られた SNP 遺伝子座が少ないということは、遺伝的変異が少ないことを意味している。また、同時に確認したミトコンドリア DNA の COI 領域 1419 bp を確認しても、赤石山脈中南部（YA，SS）とそれ以外で 1 つの塩基置換が見られたのみで、ハプロタイプの数もたった 2 つしかなかった。生息地が異なるので単純比較はできないが、同じく関東〜中部地方に生息するコヒョウモンモドキの場合は COI 領域で 17 個のハプロタイプが見つかったことから、ミヤマシロチョウの遺伝的多様性の低さがうかがえる。

　なぜここまで遺伝的多様性が低く、生息地間の分化が小さいのだろうか。ミヤマシロチョウはおよそ 8 万年前にユーラシア大陸から日本に分布拡大したと考えられている（Nakatani *et al.*, 2020）。あくまで可能性の 1 つに過ぎないが、この分布拡大の際に相当大きなボトルネック（びん首）効果が働いたせいかもしれない。また、この時代は氷河期に当たり、現在よりも年間平均気温が 7 度程度低かったとされている（安田・成田, 1981）。現在でこそ亜高山帯に分布するチョウであるが、当時はより低標高の場所まで分布できた可能性も考えられる。そのため、山系ごとの遺伝的分化は起きにくかったのかもしれない。この原因をより詳しく調べるには、海外も含めた分布全域でより詳細に遺伝情報を調べていく必要があるだろう。

4.5. ミヤマシロチョウの再導入に利用可能な集団

　何はともあれ、国内ではミヤマシロチョウの遺伝的分化がほとんどないことが明らかとなった。ここで本来の目的である、八ヶ岳への再導入集団について考えてみたい。結局のところ、浅間山系及び赤石山脈の個体を再導入に用いたとしても深

図 8　オガサワラシジミの乾燥標本
生息域外保全個体はすでに繁殖途絶しており，また 2010 年代後半から野外でも生息が確認できなくなっているため，現在は生きた個体を目にするのはほぼ不可能である。

刻な遺伝的攪乱（人為的な個体の移入により，その地域本来の遺伝構造が失われてしまうこと）は起こらないと結論付けた（Nakahama et al., 2022）。この成果はミヤマシロチョウの分布域である長野県や山梨県，静岡県を中心に注目を浴び，長野日報，信濃毎日新聞，山梨日日新聞，中日新聞などで紹介された他，2022 年 6 月 21 日に長野県議会でも取り上げられた。

　しかし，これですぐにミヤマシロチョウの野生復帰が現実のものとなるわけではない。八ヶ岳ではシカの食害や植生遷移により，もともとのミヤマシロチョウの生息地が大きく劣化したままであり，まずは生息環境を整備する必要がある。また，もともとの生息環境と移入先の生息環境にはどうしても違いがあるために，再導入後にスムーズに定着できるかどうかには慎重な検討を重ねていく必要がある。こうした再導入についてのガイドラインは国際自然保護連合（IUCN）から「再導入とその他の保全的移殖に関するガイドライン」(Guidelines for Reintroductions and Other Conservation Translocations, https://portals.iucn.org/library/efiles/documents/2013-009.pdf) が発行されているので興味のある方は参照されたい。

　このように，遺伝解析を通した再導入源の探索は，あくまで将来的な保全対策の第一歩である。再導入に向けたハードルはまだまだたくさんあるものの，議論の呼び水となったことは間違いない。今後，ミヤマシロチョウの再導入計画が無事に進むことを心から願うばかりである。

5. 飛び込んできた不穏なニュース

　さて，ミヤマシロチョウの研究が軌道に乗り始めた 2020 年の夏，衝撃的なニュースが飛び込んできた。多摩動物公園と新宿御苑で保全されていたオガサワラシジミの飼育集団が全滅したというニュースだ。オガサワラシジミ *Celastrina ogasawaraensis*（図 8）はその名の通り，東京都小笠原諸島に固有のシジミチョウ科昆虫である。もともとは父島列島にも分布していたが 1990 年代に姿を消し，近年は母島でのみその生息が確認されていた。しかし，母島の野生集団は 2018 年

以降確認されておらず，多摩動物公園と新宿御苑の生息域外保全でその命脈を保っていた。しかし，このどちらも全滅してしまったことで，種としての絶滅の危険性がきわめて高まっている。興味深いことに，このオガサワラシジミの生息域外保全集団では精子量の極端な低下が確認されており（小長谷ほか，未発表），近親交配による近交弱勢によって絶滅した可能性が指摘されている。

5.1. 近交弱勢とは？

　近交弱勢とは，近親交配によって弱有害遺伝子が発現した適応度の低い個体の頻度が集団中で増加する現象を指す。この近交弱勢が厄介なところは，その作用メカニズムが種や集団によって千差万別である可能性が非常に高いことだ。有害遺伝子はゲノム中に無数に存在し，その働きはおろか，どの種でどの有害遺伝子をどの程度持っているかはほぼわかっていないといってよい。また，近交弱勢がどの程度働くかは，生物や集団によって大きく異なっている。フロリダパンサーのように，遺伝的救済（近交弱勢が起きている集団に外部から個体を導入することで遺伝的多様性を高め，近交弱勢の発現リスクを低下させる取り組み）をすることでようやく復活した例もあれば（Johnson *et al.*, 2010），ニュージーランドのスチュアート島に生息するカカポのように，有害遺伝子をあまり持っておらず，近交弱勢に強い集団も知られている（Dussex *et al.*, 2021）。このように近交弱勢はまさにブラックボックスで，生物種や集団によってメカニズムや起こるリスクが千差万別であることで，保全策が一義的に立てられない。そのため個人的には，近交弱勢を保全遺伝学のラスボスと思っている。

5.2. ゲノミク人はすごい

　それでも，近年のゲノミクスの発展により，近交弱勢のメカニズム解明にもある程度光明が見えてきた。最も顕著な点は，全ゲノムの解析から，潜在的に有害遺伝子かどうかを推定できる可能性が出てきたことだ。その1つの例は，非同義置換やフレームシフトの検出である。仮に塩基の一部が置換しても，同義置換であれば翻訳されるアミノ酸配列が同じであるので問題はない。しかし，非同義置換であればアミノ酸配列に変化が生じるし，また挿入や欠失などによりコドンにずれが生じると，その下流のアミノ酸配列がまったく変わってしまう（フレームシフト）。こうした突然変異を起こした遺伝子の多くは正常な働きができなくなるために，有害遺

伝子となる可能性が非常に大きい。そこで，近親交配の進んだ個体のゲノムをもともとのゲノム配列と比較して，こうした非同義置換やフレームシフトを調べることにより，潜在的な有害遺伝子の量をある程度推定することが可能となる。

ただし，やはり現状では全ゲノム解析のハードルは高いのも事実である。最も大きなハードルは，こうした解析には全ゲノム情報が必要であることだ。地球上の生物のゲノムを決定する国際的なプロジェクトである Earth BioGenome Project (Lawniczak *et al.*, 2022) などもあり，近年多くの生物で全ゲノム情報が決定されているが，まだまだ全ゲノム情報が決定されている生物種は圧倒的に少数である。幸いなことに，全ゲノム決定のコストは近年急速に下がり，ゲノムサイズが 1 GB 程度であれば，100 万円程度で全ゲノムを外注によって決定できるようになった（それでも若手研究者にとって解析費用の捻出は大変であるが……）。今後さらに解析コストが下がった場合，こうした保全ゲノミクスが主流となるかもしれない。

5.3. 標本を用いたゲノミクス

ある種の個体についていったん全ゲノムを決定してしまえば，同種他個体の全ゲノム決定はさほど難しくない。次世代シーケンサーを用いて 150 bp 程度のショートリードを網羅的に決定し，参照となる全ゲノム配列に張り付ければよいからだ（全ゲノムリシーケンス）。また標本の場合，DNA の断片化やコンタミネーションが生じていたとしても，DNA さえ残っていれば，全ゲノムリシーケンスであれば技術的なハードルはそこまで高くない。このようにゲノミクスは標本と親和性が高く，今後の発展が期待されている。

6. 絶滅危惧種の保全における標本の役割

今回，標本が内包する遺伝情報は，保全生態学にも大きなメリットをもたらすことを示すことができた。詳しくは Nakahama（2021）をご覧いただきたいが，要約すると以下の 3 点だろう。まずは，過去から現在までの遺伝的多様性や遺伝構造を明らかにするとともに，それに影響を与える環境要因を推定できるという点（今回のコヒョウモンモドキのケース）である。次に，過去の集団の遺伝情報を明らかにすることで，空間的遺伝構造を攪乱しない再導入源の探索や保全単位の設定が可能という点（今回のミヤマシロチョウのケース）である。さらには，近交弱勢の生じるメカニズムやゲノム基盤にも迫れると考えている。これは全ゲノム情報や RNA-seq のデータから推定可能であるが，標本から全ゲノム情報を得ることができれば，

30   6. 絶滅危惧種の保全における標本の役割

潜在的に有害と考えられる遺伝子がどの時点でどの程度集団内に保持されている
かが推定可能となる。現状ではカカポの研究例（Dussex *et al*., 2021）などわずかし
かないものの，今後ゲノム解析のハードルが下がるにつれて，どんどんその全容が
解明されていくのではと考えている。このように，標本が保全遺伝学的にブレイク
スルーをもたらすと期待している。日本では生きものの愛好家が多く，多数の標本
が作製されている。しかし，現状では Museomics は海外では盛んである一方，日
本ではまだまだ発展途上の分野である。こうした莫大な数の標本を利用することで，
日本国内ならではの研究をしていくことが可能ではないだろうか。今後多くの生物
が絶滅の危機にさらされることが予想される中，標本の持つ価値はますます大きく
なってくるだろう。

引用文献

Drummond, A. J. *et al*. 2005. Bayesian coalescent inference of past population dynamics
from molecular sequences. *Molecular Biology and Evolution* **22**: 1185–1192.

Dussex, N. *et al*. 2021. Population genomics of the critically endangered kākāpō. *Cell
Genomics* **1**: 100002.

Frankham, R. *et al*. (西田睦 監訳) 2007. 保全遺伝学入門. 文一総合出版.

Hamm, C. A. *et al*. 2010. Evaluating the impact of non-lethal DNA sampling on two
butterflies, *Vanessa cardui* and *Satyrodes eurydiceice*. *Journal of Insect
Conservation* **14**: 11–18.

岩崎貴也ほか. 2019. 腊葉標本 DNA の MIG-seq 法による利用可能性・解析手法の検討.
Science Journal of Kanagawa University **30**: 89–96.

Johnson, W. E. *et al*. 2010. *Genetic restoration of the Florida panther. Science* **329**:
1641–1645.

環境省. 2020. 環境省レッドリスト 2020. https://www.env.go.jp/press/107905.html. (2022 年
9 月 17 日閲覧)

Kekkonen, J. *et al*. 2011. Increased genetic differentiation in house sparrows after a
strong population decline: from panmixia towards structure in a common bird.
Biological Conservation **144**: 2931–2940.

Kuussaari, M. *et al*. 2009. Extinction debt: a challenge for biodiversity conservation.
Trends in Ecology & Evolution **24**: 564–571.

Lawniczak, M. K. *et al*. 2022. Standards recommendations for the Earth BioGenome
project. *Proceedings of the National Academy of Sciences of the United States of
America* **119**: e2115639118.

Nakahama, N. 2021. Museum specimens: An overlooked and valuable material for
conservation genetics. *Ecological Research* **36**: 13–23.

Nakahama, N. & Y. Isagi. 2017. Availability of short microsatellite markers from butterfly museums and private specimens. *Entomological Science* **20**: 3–6.

Nakahama, N. & Y. Isagi. 2018. Recent transitions in genetic diversity and structure in the endangered semi-natural grassland butterfly, *Melitaea protomedia*, in Japan. *Insect Conservation and Diversity* **11**: 330–340.

Nakahama, N. *et al.* 2019. Methods for retaining well-preserved DNA with dried specimens of insects. *European Journal of Entomology* **116**: 486–491.

Nakahama, N. *et al.* 2018. Historical changes in grassland area determined the demography of semi-natural grassland butterflies in Japan. *Heredity* **121**: 155–168.

Nakahama, N. *et al.* 2022. Identification of source populations for reintroduction in extinct populations based on genome-wide SNPs and mtDNA sequence: a case study of the endangered subalpine grassland butterfly *Aporia hippia* (Lepidoptera; Pieridae) in Japan. *Journal of Insect Conservation* **26**: 121–130.

中濱直之ほか. 2022. 国内希少野生動植物種における保全遺伝学研究の基盤としての遺伝情報. 保全生態学研究 **27**: 21–29.

Nakatani, T. *et al.* 2020. Origin and phylogeography of the alpine butterflies in the Japanese archipelago, inferred from mitochondrial DNA. *Butterfly Science* **16**: 26–45.

小椋純一. 2006. 日本の草地面積の変遷. 京都精華大学紀要 **30**: 159–172.

種生物学会 (編). 2012. 種間関係の生物学—共生・寄生・捕食の新しい姿. 文一総合出版.

須賀丈, 丑丸敦史, 岡本透. 2012. 草地と日本人—日本列島草原 1 万年の旅. 築地書館.

Suyama, Y. & Y. Matsuki. 2015. MIG-seq: an effective PCR-based method for genome-wide single-nucleotide polymorphism genotyping using the next-generation sequencing platform. *Scientific Reports* **5**: 16963.

安田喜憲・成田健一. 1981. 日本列島における最終氷期以降の植生図復元への一資料. *Geographical Review of Japan* **54**: 369–381.

第2章　博物館標本から稀少種の過去を探る：鳥類の保全遺伝学

表　渓太（北海道博物館）

はじめに

　現代は，地球上で過去 5 回起こったとされる大量絶滅に匹敵する第 6 の大量絶滅の時代であるといわれ，過去数世紀における脊椎動物の絶滅率は少なく見積もっても自然な絶滅率の 100 倍に達すると推定されている（Ceballos *et al.*, 2015）。鳥類は動物のなかでは目につきやすく比較的よく記録されており，世界の約 1 万種の鳥類のうち 160 種が絶滅種であり（Gill *et al.*, 2022），さらに約 1400 種が絶滅危惧種に指定されている（IUCN, 2022）。鳥類の絶滅や減少の原因としては，生息環境の減少や悪化，狩猟や採集，外来種の影響など，多くの場合で人間活動が複合的にかかわっている（Temple, 1986）。

　絶滅危惧種の保全では，上記のような原因を取り除いていくために生息地の環境や生態学的な知見が必要であるが，近年はそれらに加えて遺伝学的な情報が重視されるようになってきている（中濱ほか，2022）。環境は常に変動しているため生物の集団はさまざまな脅威にさらされているが，このとき遺伝子の多様性が集団の持続可能性に関係すると考えられるようになってきたのである。例えば，脊椎動物において獲得免疫にかかわる MHC（主要組織適合遺伝子複合体）の遺伝子群は，病原体への抵抗性のためにゲノム中で特に高い多型を持っている（Garrigan & Hedrick, 2003）。仮にある集団で致死的な感染症が流行した際に，こうした遺伝子の多様性が低下していた場合，集団が全滅するリスクが高くなってしまう。十分大きな集団では遺伝的多様性が比較的安定しているが，長期間小さく孤立した状態が続いた集団や個体数が急激に減少した集団では，遺伝的浮動と呼ばれるランダムな遺伝子頻度の変動の影響が大きくなる。これによって遺伝的多様性の低下や，有害な突然変異の顕在化の確率が高まる。さらに個体数が少ないことで頻度が高くなる近親交配も相まって個体および集団の適応度の低下をもたらすことが，野生

生物でも確認されている（Keller & Waller, 2002）。これらはすべて絶滅のリスクを高めるため，保全における大きな問題である。

　絶滅危惧種の場合，当然ながらほとんどの集団が個体数の減少を経験している。こうした集団で現在の遺伝的な健全性を知るためには，個体数が減少する前の状態と比較することが望ましい。しかしながら，実際に集団の遺伝情報を何世代にもわたってリアルタイムで調べることは困難な場合が多い。また，昔はどこにでもいたのに気づいたときには絶滅寸前だったというケースもありふれており，過去にほとんど調査されていないということも多い。近年の分析手法の進歩にともない，このような場合に注目されるようになってきたのが，博物館で保管されてきた標本である。博物館で数十年，長い場合には数百年にわたって保管されてきた標本をタイムカプセルとして利用し，過去の遺伝情報を直接評価しようとする研究が増えてきている。

　そこで，この章では主に鳥類の剥製標本を用いた保全遺伝学的研究について述べる。今回は保全遺伝学的研究がどのように行われているのかについて，劇的な個体数の変動を経験してきたことが知られているシマフクロウ *Bubo blakistoni* とタンチョウ *Grus japonensis* での事例から紹介する。私は北海道大学の理学院所属時に，環境省の環境研究総合推進費研究課題「シマフクロウ・タンチョウを指標とした生物多様性保全－北海道とロシア極東との比較」（平成 24～26 年度）に DNA分析担当として参加させていただいた。この章で紹介する研究成果の多くはこのプロジェクトによるものである。

1. 事例Ⅰ：シマフクロウ

1.1. 背景

　皆さんはシマフクロウという鳥をご存知だろうか（**図1**）。シマフクロウを漢字で書くと「島梟」となる。ここでいう「島」とは「蝦夷ヶ島」つまり北海道のことで，シマシマ模様のフクロウという意味ではない。その名のとおり，北海道と国後島・色丹島に生息するが，別亜種がユーラシア大陸のロシア極東や中国東北部にも分布する（**図2**）。世界最大級のフクロウであり，翼を広げると 1.8 m に達する。風格のある姿で，アイヌ民族の人々に村を守る高位のカムイ（神）とされている地域がある。また，北海道のお土産物としてヒグマと並んでモチーフになっているのをよく見かける。多くのフクロウ類は小型の哺乳類や鳥類，昆虫などを捕食するが，シ

図1 シマフクロウの剥製標本
北海道博物館企画テーマ展「夜の森―ようこそ！動物たちの世界へ―」（2017年）の展示。

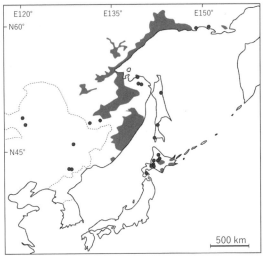

図2 シマフクロウの分布
（Slaght *et al*., 2018 より改変）
かつては，北海道全域に分布していたが，現在は東部に局所的に生息している。また，ユーラシア大陸北東部でも分布は縮小していると考えられる。サハリンでは近年，生息が確認されていない。
■ 現在の分布
● 1990年以前の記録
　（現在確認されていない地域）

マフクロウは魚類を主食にしているところが少々変わっている。シマフクロウは河川沿いに約 10 km の縄張りをつくり，基本的に年間を通して同じ場所で生活する。
　シマフクロウは過去には北海道全域に分布していたと考えられ，19世紀には札

図3 シマフクロウの繁殖のために設置された FRP（繊維強化プラスチック）製の巣箱

幌市内や函館近郊など，現在は生息していない地域でも記録が残されている（早矢仕, 1999）。しかし，その後シマフクロウの個体数は激減し，1980年代には100羽以下にまで減少したと推測されている。そのため，絶滅のリスクの高い種としてIUCN レッドリストの絶滅危惧種および国の天然記念物に指定されている。

　ある地域にシマフクロウがすめるかどうかは，縄張りの中でどれだけの魚が獲れるかにかかっており，100 m^2 当たりの魚類の総重量が 1000 g を下回る河川ではシマフクロウは生存できないとされている（Takenaka, 2018）。しかし現状では，河川改修やダム建設，水質の悪化に加え，遡上するサケ・マスのほとんどが河口付近で捕獲されていることなどによって，北海道の多くの河川はこの水準に達していない。

　シマフクロウが減少した理由として，もう1つ挙げられるのが営巣木の減少である。シマフクロウは子育てのために，川にほど近く，直径が1 m に達するような大木に自然にできた樹洞を利用する。しかし，そういった木の多くは開発によって伐採されており，大きな木があったとしても条件のそろった樹洞のある木は限られる。そのため北海道では，大半のつがいが人が設置した巣箱を利用して子育てをしている（図3）。このように，シマフクロウが減少した原因は，食糧難と住宅難が同時に押し寄せたことだといえる。保護活動において，生け簀による人工給餌と巣箱の設置が功を奏し繁殖の成功率が大きく上がったことも，このことを裏付けている。近年の保護活動により個体数は徐々に回復しているが，環境省による2018年の推定でも北海道全体の個体数は約 165 羽とされており，まだまだ予断を許さない状態にある。

1.2. 近年の集団の分析

　私が北海道大学理学部で研究室に配属された際に，指導教員の増田 隆一先生からいただいたテーマが，このシマフクロウの保全遺伝学的研究であった。環境省は保護増殖事業の一環で野生個体の標識調査や血液採取を行っているのだが，それらを DNA 分析に使用できる機会がちょうど得られたのである。その後，引き続き理学院に進んでからは，先述の環境研究総合推進費プロジェクトでシマフクロウの DNA 分析を担当することになった。

　絶滅危惧種において DNA 分析は，①個体識別や性判定・親子関係の鑑定など個体レベルの調査の補助，②遺伝的多様性の評価，③集団構造の解明，などを目的に行われる。これらの分析の準備段階としてまず取り組んだのが，マーカーとして使う DNA 領域の探索であった。

　解析のためには，個体間で塩基配列に多型のある領域が必要である。最近は次世代シーケンサーによって全ゲノム配列を高速で解読することも可能になっているが，集団解析のためには多数の個体の DNA を分析する必要があり，次世代シーケンサーではコストが高くなってしまうため，解析に用いる領域を絞るのが一般的である。動物の集団解析には，核ゲノムに加えてミトコンドリアゲノムがよく用いられる。ミトコンドリアは細胞内に存在する好気呼吸にかかわる細胞小器官で，独自のゲノムを持っている。ミトコンドリアゲノムは 1.5〜2 万塩基対ほどとゲノムサイズがコンパクトであり，核ゲノムに比べて細胞当たりの数が圧倒的に多いため，古いサンプルでも残存している可能性が高い。また，母系遺伝するため系統等の解析が比較的シンプルで扱いやすい。ただしオス個体の移動等をたどることはできない。一方，核ゲノムは古い標本では分析成功率が落ちるが，情報量が多く個体識別や近親交配の程度などのより詳細な解析が可能である。シマフクロウの DNA 分析では両者を併用するために，ミトコンドリアゲノムからは特に変異が多いとされる制御領域，核ゲノムからはマイクロサテライトと呼ばれる反復配列領域から，多型がある配列を探すことにした。

　予備実験に取りかかったところ，すぐにシマフクロウの遺伝的多様性が低いことが明らかになった。核のマイクロサテライトは反復配列の回数に変異が起こりやすいため集団解析のマーカーとしてよく使われるのだが，他の種では多型のあるマーカーを使っても，シマフクロウではまったく多型が見られないというものが大半だった。どの領域ならば多型があるのかは予測が困難なため手当たり次第に試してみる

しかなく，結局50以上の領域を調べてやっと多型のあるマーカーを7つ確認した。ミトコンドリアゲノムの多様性も低く，最も変異の蓄積しやすい制御領域を比較しても，確認されたハプロタイプ（片親に由来する遺伝的タイプ）は4種類のみであった。遺伝的多様性の指標であるヘテロ接合度やハプロタイプ多様度はいずれも低い値を示した（Omote et al., 2012）。

　これらのマーカーを用いて，まずは近年のサンプルの分析を行うことにした。1990年代以降，環境省の保護増殖事業の一環で，毎年巣立つヒナには調査用の足輪が取り付けられており，その際に性判定や健康状態確認のための採血等が行われている。保管されていた血液を提供していただき，1990年代から2012年にかけて巣立ったヒナの大半に当たる約400個体分のサンプルを分析することができた。

　その結果，生態学的にも気になる情報が得られた。シマフクロウは一夫一妻で生涯連れ添うといわれていたのだが，実際に親子鑑定を行ってみたところ，首をかしげることになってしまった。毎年同じ場所で繁殖しているつがいのヒナを調べていくと，あるシーズンから親の一方が入れ替わっている，という例が複数見つかったのである。近年は大半の個体が識別のための足輪をはめているが，シマフクロウは足が羽毛で見えづらく夜行性のこともあって野外での観察で個体識別ができないことが多い。DNA分析がこの直接観察の難しさを補ったといえるだろう。今回のつがいの入れ替わりを単純に考えれば，事故や寿命でつがいの一方が死んだため再婚したということなのかもしれない。しかし，発信器をつけた個体の調査から他のつがいの縄張りへの侵入が頻繁に起こっていることが示されており（Takenaka, 2018），従来考えられていたよりも積極的な繁殖相手の争奪が起こっている可能性もある。

　次に，マイクロサテライトマーカーを用いて集団構造の解析を行った。北海道内各地の生息地の間で遺伝的分化度（F_{ST}）を算出したところ，地域間で有意に高い値を取ったことで，遺伝的にはっきりとした差があることが明らかになった。また，集団解析のマーカーとしてはやや解像度が低いミトコンドリアゲノムの分析でも遺伝的分化度は有意に高く，ハプロタイプのうち2つが生息地に固有なタイプであるなど，地域によって極端に比率が偏っていた。したがって，それぞれの生息地は孤立しており，地域間の遺伝子流動は小さいといえる。

　では，この各地域の遺伝的な独自性はシマフクロウ本来のものなのだろうか。それとも近年の生息地の縮小にともなって生じたものなのだろうか。保全の観点からは，遺伝的多様性が低い現状では近親交配や感染症等のリスク軽減のため地域

図4 シマフクロウの古い剥製標本からの羽毛サンプル採取

間の個体の移動を促すことが有効ではあるが，地域間の差異が本来の状態なのであれば無闇な介入は望ましくないといえる。この疑問を明らかにするためには，個体数減少以前の集団の分析がどうしても必要だった。

1.3. 剥製標本の分析

そこで，個体数が特に少なくなったとされる 1980 年代以前の集団の遺伝的な特徴を調べるために，博物館の標本に着目した。標本を解析に用いるためにはその個体が採取された場所や年代などの情報がそろっていることが条件である。幸いなことに，早矢仕氏が過去の分布状況の研究のために旧環境庁と連携して実施した各地の博物館等へのアンケート調査の結果を報告されていた（早矢仕, 1999）。これによって，詳細な標本の情報を得ることができた。そして，環境省を通じてシマフクロウの剥製標本の利用の許可を全国の所有施設に申請することになった。DNA 分析ではどうしても標本の一部を消費してしまうため許可が下りるかどうか心配だった。幸い，多くの施設の方に研究についてご理解いただき，約 40 個体の剥製からサンプルを採取できることになった。サンプルとしては羽毛や足の皮膚片などを用いることとし，採取にうかがうか，場合によっては所有する施設の方に送っていただいた。自らの手で貴重な標本からサンプルを採るときは毎回緊張したのを覚えている（図4）。

分析のためには，サンプルから抽出した DNA から標的の領域を PCR 法によって増幅する必要がある。古い標本では DNA の断片化が進んでいる場合が多く，長い領域を一度に増幅するのは難しい。そこで，標的の領域を分割して増幅できるよ

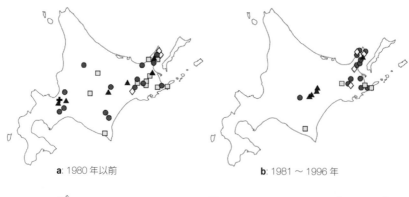
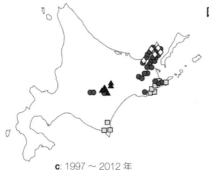

図5 シマフクロウのハプロタイプ分布の変化

a: 1980年以前にはそれぞれのハプロタイプは広く分布している。**b**: 1981〜1996年には各地でハプロタイプの多様性の喪失が進み，**c**: 1997〜2012年になると各地域で見られるハプロタイプが1〜2種類に固定された。
●：ハプロタイプ1，◇：ハプロタイプ2，▲：ハプロタイプ3，□：ハプロタイプ4，✚：ハプロタイプ5

うなプライマーを複数セット用意し，DNAの劣化の程度にあわせて使い分けることにした。今回の研究では，約9割に当たる35個体でミトコンドリアゲノムの制御領域の一部を増幅することができた。この塩基配列を解読して遺伝的多様性や集団構造の解析を行ったところ，非常にはっきりとした結果が見えてきた。

1.4. 北海道のシマフクロウ集団の変遷

シマフクロウは，かつては北海道の全域に生息していたと考えられ，サンプルを採取することができた標本のなかには，石狩地域など近年は生息が確認されていない地域のものも含まれていた。これらと近年のサンプルを含めて分析した結果を年代間で比較してみたところ，ハプロタイプの構成が大きく変化していることを見て取ることができた（図5; Omote et al., 2015）。また，地域絶滅したと考えられる石狩地域からは現在は確認されていないハプロタイプが発見された。古い年代ではハプロタイプそれぞれの分布が広く，地域内でも複数のタイプが混在していた。統計的にも地域間の遺伝的分化度には有意な差が見られないことから，かつては個体の

移動によって広い地域で遺伝子流動があったと推測される。しかし，近年は地域間の遺伝的分化度が明らかに高いことから，各地域が島状に分断されたことが確認できた。また，近年それぞれの地域で確認されるハプロタイプは１〜２つだけであり，地域内のハプロタイプ多様度が非常に低かった。個体数が急激に減少すると，遺伝的浮動の影響で，ある遺伝子タイプが偶然失われる確率が高くなる。これは，絶滅危惧種で遺伝的多様性が低くなる主な要因であり，ボトルネック（びん首）効果と呼ばれる。シマフクロウではボトルネック効果による多様性の低下が北海道各地で起こったことが，剥製を分析したことによって明らかになった。

　遺伝的多様性の維持のためには，たとえわずかな頻度であっても地域間の遺伝子流動を促すことが効果的である（Lacy, 1987）。しかし，本来は交流がなかった地域間で個体を人為的に移動することは問題になる場合がある。シマフクロウでは，博物館標本の分析によってかつては道内で広く遺伝的交流があったことが示されたため，この問題は解消することができた。これらの遺伝的多様性の低下や集団構造についての研究成果は保全の方針の参考になるよう発表し，提言を行った。

1.5. ロシア産亜種との比較

　シマフクロウは，ユーラシア大陸北東部・北海道・国後島・色丹島に分布し，以前はサハリンにも生息していた（**図2**）。このうちロシア沿海州など大陸のサンプルは，ロシアの研究者の協力があって採取にうかがうことができたが，領土問題のある北方四島やそもそも近年は生息が確認されていないサハリンのサンプルを入手するのは困難であった。ところが運良く，国内に日本統治期の国後島とサハリン（樺太）の剥製が残されていることがわかり，所蔵機関の理解もあって分析できることになった。

　ロシア沿海州のサンプルとともに分析してみた結果，北海道産とロシア産のシマフクロウは別種としてもいいほどの遺伝的な差があることが明らかになった（Omote et al., 2018）。そして，国後島産3体とサハリン産1体のシマフクロウはいずれも北海道で確認されたハプロタイプを共有していた。分析できた個体数がわずかであるとはいえ，こうした情報は地域集団の関係を知る大きな手がかりとなる。

　絶滅危惧種の保全では，対象地域の集団だけでなく，そのほかの地域の情報についても重要である。例えば，トキ *Nipponia nippon* は国内の野生個体が絶滅したあとに中国産の個体を用いて，野生復帰まで成し遂げた。トキの場合は中国産と国産の個体の DNA を比較して遺伝的に差がないことを確認したうえで再導入し

図6　タンチョウの剥製標本（写真中央）
北海道博物館の総合展示室第1テーマ「アイヌ民族から和人への交易品」の展示。

た（新潟大学佐渡市環境教育ワーキンググループ，2012）が，こうした個体の人為的な移動は，本来その地域に存在しない遺伝子を導入することになる可能性があるため，慎重な検討が必要である。そのため，世界的な系統関係について把握しておくことが有効であるが，現実的にはサンプルの採取などが困難なことも多い。今回のように，博物館標本を用いることで，アクセスが困難な地域集団や，研究者だけでは不可能な規模でのサンプルの収集が可能になる場合がある。特に，現存しない過去の地域集団の遺伝的特徴を直接的に分析するほぼ唯一の手段である。

2. 事例II：タンチョウ

2.1. 背景

　タンチョウは，鶴といえば日本人ならば誰もがその姿を思い浮かべることができるだろう（図6）。全長約1.4 mと日本の野鳥としては最大級で，黒と白の体に頭頂部が赤という美しいカラーリングや縁起の良いイメージから，いろいろな意匠のモチーフとしてもなじみ深い。しかし，その集団は劇的な歴史をたどってきた。
　江戸時代の記録では，アイヌ民族と和人との交易や松前藩による本州方面との取引の記録などには商品としてのタンチョウが多く見られ，蝦夷地（現北海道）の名産として利用されてきたことがうかがえる（久井・赤坂, 2009）。タンチョウは蝦夷地から「塩鶴」として食用に輸出されており，贈答品や献上品となっていたと考

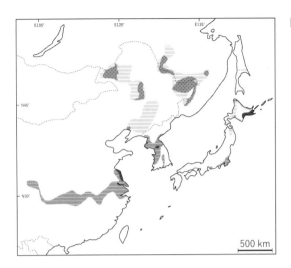

図7 タンチョウの分布
（Masatomi & Surmach, 2018 より改変）

19世紀には北海道の石狩低地帯がタンチョウの一大繁殖地であったが，現在は東部に集中している。また，本州へ渡る集団は見られなくなった。ユーラシア大陸でも繁殖地・越冬地ともに縮小している。

19世紀の繁殖地
19世紀の越冬地
現在の繁殖地
現在の越冬地

えられる。タンチョウは明治中期までは北海道各地に広く分布していたが，幕府崩壊後の混乱期に乱獲されたこと，開拓によって生息地である湿原が失われたことで激減した。特に，かつては面積が国内一であった石狩地域の湿原は，現在までに99.9%以上が開発によって失われたとされる（宮地・神山, 1997）。乱獲と生息地の喪失の結果，大正時代には絶滅したと思われていた。

しかし，大正末期の1924年に，北海道東部の釧路湿原でタンチョウ十数羽が再発見された。その後，1952年には特別天然記念物に指定されたが，その年に確認された個体は33個体だけであり，非常に個体数が少ない状態が続いた。この頃から，冬場の給餌にタンチョウが集まるようになり，1984年からは環境庁による保護事業が開始された。その結果，タンチョウの個体数は徐々に増えていき，2005年には1000羽を超える個体が確認された。2021年度の調査では約1800羽が確認されている（認定特定非営利活動法人タンチョウ保護研究グループ, 2022）。タンチョウは日本以外にロシアや中国，朝鮮半島に分布しているが，19世紀と比べて生息地は縮小している（Masatomi & Surmach, 2018; 図7）。現在，世界の総数は3000羽以下と推測されており（IUCN, 2022），そのうち半数以上が北海道の東部に集中していることになる。このように，北海道のタンチョウは，絶滅寸前から世界の個体数の過半数を占めるまで，極端な個体数の変動を経験してきたことになる。

2.2. タンチョウの遺伝的多様性

それでは，北海道のタンチョウの遺伝的多様性はどの程度なのだろうか。この分析も先述の環境研究総合推進費研究課題の一環として，同じ研究室の後輩が中心に取り組むことになった。シマフクロウと同様に環境省を通じてサンプルの提供を依頼し，羽毛を集めた。また，近年のサンプルとしては，傷病個体や例年行われている繁殖期の一斉調査で幼鳥から得られた血液等を用いた。1878 年から 2000 年代までの剥製標本 17 個体を含む計 230 個体について，ミトコンドリアゲノムの調節領域を解読した（Akiyama *et al.*, 2017a）。

その結果，確認されたハプロタイプは 3 つだけであり，しかもそのうち 1 つのタイプが全体の約 9 割を占めていた。この傾向は 1980 年代から同様であり，一貫して遺伝的多様性が非常に低いことを示している。また，地域による差はほとんど見られなかった。これは，現在の集団が釧路湿原で生き残ったごくわずかな個体に由来することによる，ボトルネック効果の典型例である。シマフクロウの場合はいくつかの地域でそれぞれ生き残った家系があったため各地域で別のハプロタイプが見られたが，タンチョウでは，北海道全体で見ても，遺伝的に非常に均質である。現在の集団では，免疫反応にかかわる MHC 遺伝子の分析でも多様性が低いことが確認されており（Akiyama *et al.*, 2017b），仮に感染症等が発生した場合には流行が広がるリスクが高いと考えられる。

北海道東部には世界のタンチョウの半数が繁殖しており，密度が高く繁殖地が不足した状態にある。近年はタンチョウの個体数回復にともなって，北海道北端の宗谷地方や 100 年間以上繁殖が確認されていなかった石狩地域でも繁殖を行うつがいが観察され始めているが，そうしたつがいはまだ少数派である。また，タンチョウは冬季に給餌場等に密集しやすいため，鳥インフルエンザ等の感染症の流行には特に注意が必要である。繁殖地および越冬地の分散は，環境省の保護増殖事業でも課題として挙げられている。

2.3. 博物館標本の分析の課題

現在は日本では北海道にのみ生息するタンチョウだが，江戸時代には関東地方など本州でも渡ってくる個体が見られたという（Masatomi & Surmach, 2018）。ロシア東部や中国東北部で繁殖する大陸のタンチョウは，今でも渡りを行い朝鮮半島や中国南部で越冬するが，北海道のタンチョウは年間を通じて大きく移動しない個体がほとんどである。現在の北海道のタンチョウ集団は釧路湿原に生息し長距離の渡りを行っていなかった個体に由来すると推測されており，渡りを行っていた時代

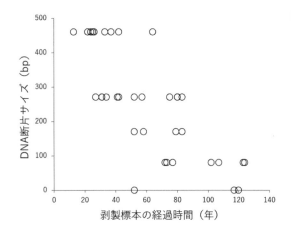

図8 剝製標本の経過年とPCR増幅に成功したDNA断片サイズの最大値
事例Iのシマフクロウ剝製標本の分析より（表, 未発表）。

と集団構造や遺伝的な特徴に違いがあったのかどうかなどは興味深い。しかしながら，タンチョウの個体数の激減はシマフクロウよりも古い年代に起こっており，それより前の有用な標本を集めるのが困難であった。そのため，この研究ではボトルネック以前の遺伝的特徴を再現するには至らなかった。

　このように，博物館の標本を用いた研究手法は，過去の個体を直接調べることができるという点で非常に強力であるが，超えなければならないハードルがいくつも存在する。

　問題の1つは，経年によるDNAの劣化である。DNAは光・温度・水分等の条件にもよるが，時間が経つほど分解されて短い断片になっていく。ある程度は技術的にカバーできるものの，あまりにも断片化が進んでしまうと分析は難しくなる。特にDNAは紫外線に弱いため，日光に長期間さらされた標本では分析ができない場合が多い。事例Iでの実験では，剝製標本が古いほどPCR法によって増幅が可能なDNAのサイズが小さくなる傾向が見られた（図8）。特に100年以上経過した標本の羽毛では，ほとんどが分析の限界に近い100塩基対以下に断片化しており，解析が困難なものもあった。保存環境にもよるが，剝製の羽根や皮膚を用いたDNA分析のタイムリミットは100年程度といえそうである。

　しかし，何よりも対象種の標本にアクセスできるかどうかが最大の関門である。そもそも，該当種の標本が存在しなければ話にならないが，その情報を得られなければ存在しないのと同じである。さらに標本が保管されていたとしても，解析に必要な採取地や日付など最低限の情報が残されているものはごく一部である。また，

DNA分析のためにはどうしても標本の一部を消費してしまうことになるので，所有者の許可が得られるとは限らない。稀少種の場合には，標本の移動等に法的な制限がかかる場合もある。技術的な問題よりも，こうした数々の手間や情報の不足が，博物館標本の利用の障壁になっているように思われる。

おわりに

博物館の資料は貴重なものではあるが，ただ収蔵庫に保管しているだけでは宝の持ち腐れである。特にDNAは生ものであり時間とともに劣化していくことは避けられないため，個人的には，今のうちにどんどん情報を引き出してもらいたいと思っている。

博物館等の所蔵する標本の数や情報は，種によって大きく偏っている。鳥類のなかでも，シマフクロウやタンチョウのように大きく見栄えがして当時から珍しいと認識されていた種の方が標本にされがちで，逆に地味でありふれていると思われていたものほど残されていない傾向がある。生物種全体でいえば標本が残っている種は本当に一握りではあるが，どこかの収蔵庫に掘り出し物が眠っている可能性はある。しかし，そうした標本の情報が公開されていなければ，標本の存在を知るのは難しい。

現在，国立科学博物館が中心になって取り組んでいる自然史標本情報の検索サイト「サイエンスミュージアムネット（S-Net）」が全国の自然史系博物館・研究機関の標本情報の集約を進めている。しかしながら，各地の博物館等にはまだまだ未登録の標本が残されている。さまざまな研究分野での利用に資するためにも，多くの博物館等の標本とその情報を適切に管理し，広く共有していくことが必要である。

最後になるが，今回紹介した研究は多くの方々のご理解とご協力をいただいて何とか進めることができたものである。この場を借りて心より感謝申し上げたい。

参考文献

Akiyama, T. *et al.* 2017a. Low genetic variation of red-crowned cranes on Hokkaido Island, Japan, over the hundred years. *Zoological Science* **34**: 1–6.

Akiyama, T. *et al.* 2017b. Genetic variation of major histocompatibility complex genes in the endangered red-crowned crane. *Immunogenetics* **69**: 451–462.

Ceballos, G. *et al.* 2015. Accelerated modern human-induced species losses: Entering the sixth mass extinction. *Science Advances* **1**: e1400253.

Garrigan D. & P. W. Hedrick. 2003. Perspective: detecting adaptive molecular polymorphism: lessons from the MHC. *Evolution* **57**: 1707–22

Gill, F. *et al.* (ed.) 2022. IOC World Bird List (v12.2). International Ornithologists Union.

早矢仕有子 1999. 北海道におけるシマフクロウの分布の変遷―主に標本資料からの推察―. 山階鳥類研究所研究報告 **31**: 45–61.

久井貴世・赤坂猛 2009. タンチョウと人との関わりの歴史―北海道におけるタンチョウの商品化及び利用実態について―. *Journal of Rakuno Gakuen University* **34**: 31–50

IUCN. 2022. The IUCN Red List of Threatened Species. Version 2022-1. https://www.iucnredlist.org. Accessed on 26 August 2022.

Keller, L. F. & D. M. Waller. 2002. Inbreeding effects in wild populations. *Trends in Ecology and Evolution* **17**: 230–241.

Lacy, R. C. 1987. Loss of genetic diversity from managed populations: interacting effects of drift, mutation, immigration, selection, and population subdivision. *Conservation Biology* **1**: 143–158.

Masatomi, Y. & S. G. Surmach. 2018. Distribution of the red-crowned crane in the world. *In*: Nakamura, F. (ed.) Biodiversity conservation using umbrella species, ecological research monographs, p.73–82. Springer Nature Singapore.

宮地直道・神山和則. 1997. 石狩泥炭地における湿原の消滅過程と土地利用の変遷. 北海道の湿原の変遷と現状の解析：湿原の保護を進めるために：財団法人自然保護助成基金1994・1995 年度研究助成報告書 p. 49–57. 自然保護助成基金.

中濱直之ほか. 2022. 国内希少野生動植物種における保全遺伝学研究の基盤としての遺伝情報. 保全生態学研究 **27**: 21–30

新潟大学佐渡市環境教育ワーキンググループ (編). 2012. 佐渡島環境大全：佐渡市環境教育副読本指導書 (改訂版). 佐渡市.

認定特定非営利活動法人タンチョウ保護研究グループ. 2022. *Tancho* **46**

Omote, K. *et al.* 2012. Temporal changes of genetic population sStructure and diversity in the endangered Blakiston's Fish Owl (*Bubo blakistoni*) on Hokkaido Island, Japan, revealed by microsatellite analysis. *Zoological Science* **29**: 299–304.

Omote, K. *et al.* 2015. Recent fragmentation of the endangered Blakiston's fish owl (*Bubo blakistoni*) population on Hokkaido Island, northern Japan, revealed by mitochondrial DNA and microsatellite analyses. *Zoological Letters* **1**: 16.

Omote, K. *et al.* 2018. Phylogeography of continental and island populations of Blakiston's fish-owl (*Bubo blakistoni*) in northeastern Asia. *Journal of Raptor Research* **52**: 31–41.

Slaght, J. C., T. *et al.* 2018. Global distribution and population estimates of Blakiston's fish owl. *In*: Nakamura, F. (ed.) Biodiversity conservation using umbrella species, ecological research monographs, p.9–18. Springer Nature Singapore.

Takenaka, T. 2018. Ecology and conservation of Blakiston's fish owl in Japan. *In*: Nakamura, F.(ed.) Biodiversity conservation using umbrella species, ecological research monographs, p.19–46. Springer Nature Singapore.

Temple, S. A. 1986. The problem of avian extinctions. *Current Ornithology* **3**: 453–485.

第3章　昆虫の標本DNAによる分子系統解析

長太 伸章（国立科学博物館 人類研究部）

1. 標本とDNA

　博物館や大学・研究所の収蔵庫などには，これまでの研究・調査で得られた非常に多数の生物標本が存在している。日本において生物標本が収蔵されていると想定される科学博物館・総合博物館は2018年の段階で全国に約250館ある（文部科学省, 2020）。さらには日本の大学や各省庁が管轄する研究所などにも生物標本を収蔵している研究室や標本庫が数多くある。そして日本には民間にも多数の愛好家がおり，そのコレクションにも多数の生物標本が保管されている。これらに保管されている標本のなかにはさまざまな年代の身近な種の標本だけではなく，絶滅種や絶滅危惧種の標本，世界各地の固有種の標本，紛争地や極限環境などの現在ではアクセスが難しい地域から得られた標本なども含まれている。そのため，国内に収蔵されている生物標本を解析対象にするだけで，さまざまな科学的知見を得ることができる。

　標本となった個体は過去には生きていたため，すべての生物標本にはかつてDNAが含まれていたはずである。そのため，生物のDNA解析が行われるようになるとすぐに生物標本もDNA研究の対象となり，特に1990年にPCR法とサンガーシーケンスが普及したことによってさまざまな生物でのDNA解析が可能になった頃からは，ヒトをはじめいくつかの分類群で生物標本のDNA（標本DNA）の解析が行われるようになった。これによってネアンデルタール人 *Homo neanderthalensis* が現生人類 *H. sapiens* の直接の祖先ではないことが明らかになるなど[1]，重要な科学的発見があった（Krings *et al.*, 1997; Noonan *et al.*, 2006）。しかし，サンガーシーケンスでは費用がかかりすぎたり，そもそもPCR増幅に成功しなかったりするなどの問題があり，実際に解析が進んだ分類群は非常に限られていた。その後，超並列型

---

[1]　それまでは北京原人やジャワ原人といった世界各地の旧人がそれぞれの地域で現生人類になったという多地域起源説も有力であった。

シーケンサー（次世代シーケンサー：Next generation sequencer, NGS）が登場すると，さまざまな分類群で標本 DNA を対象とした研究が実施されるようになってきた。では標本 DNA を解析する利点は何なのだろうか。そして，なぜ標本 DNA はこれまで研究するのが難しかったのだろうか。本章では，まず動物の標本 DNA の特徴やいくつかの研究例を解説し，次に筆者が行っているセミを対象とした標本 DNA の解析例を紹介する。

2. なぜ標本 DNA を解析するのか

　標本 DNA が持つ最大の特徴は，標本 DNA から得られる遺伝情報は標本が得られた時点の過去の遺伝情報であるということである（Nakahama, 2021; Raxworthy & Smith, 2021）。現在ではさまざまな分類群で標本 DNA の解析が行われているが，特に比較的大型の動物である哺乳類や鳥類では DNA が残りやすい骨組織があったり，大型ゆえに利用できる組織量が多いなどの理由で研究が進んでいる。そして絶滅種の系統関係（e.g., Ishiguro et al., 2009; Matsumura et al., 2020; Soares et al., 2016; Waku et al., 2016）や絶滅種の集団遺伝動態（Hung et al., 2014），絶滅危惧種の絶滅個体群を含む集団遺伝構造（Feng et al., 2019）などが解明されている。一方で，昆虫などの小型動物では，標本 DNA 解析は大型脊椎動物と比べるとあまり進んでいない状況である。

　昆虫は生物のなかでも非常に多様性の高い分類群で，世界に 100 万種を超える種が生息しているといわれる（Stork, 2018）。そのため昆虫は農業害虫を中心に分類学だけでなく進化学や生態学でも重要な研究対象として古くからさまざまな研究が行われ，世界中に膨大な量の標本が収蔵されている。しかし昆虫は脊椎動物と比べると体サイズが小さいため DNA 解析に使用できる組織の量が相対的に少なく，解析に使える DNA の絶対量が少ないという問題がある。しかも，もともと少ない DNA がさらに分解・劣化しているため，かなり微量な DNA を解析することになる。それでも，絶滅種や絶滅危惧種を中心にさまざまな標本 DNA の研究が行われている。昆虫の絶滅種にかかわる研究として，南太平洋のロードハウ島の絶滅種のロードハウナナフシ *Dryococelus australis* の再発見（Mikheyev et al., 2017）や，大西洋の海洋島であるセントヘレナ島の飛べないオサムシの絶滅種 *Aplothorax burchelli* の系統的位置の解明（Sota et al., 2020）などの研究がある。また，ハワイ諸島のスズメガの絶滅危惧亜種の系統的位置の解明（Hundsdoerfer & Kitching, 2017）や日本の絶滅危惧チョウ類の遺伝的構造の解明の研究（Nakahama et al., 2018, 2022;

Nakahama & Isagi, 2018）でも標本 DNA が使われている。このように昆虫でも絶滅種や絶滅地域集団などの過去に得られた標本を対象にした標本 DNA 解析が行われている。

　また，絶滅種や絶滅危惧種ではない種でも過去の標本を解析することで種構成や遺伝的構造などの経時的な変化を検証できるのも標本 DNA の特徴である。その例として，ラン科植物の種子を加害するハエの研究がある（Yamashita *et al.*, 2022）。近年，絶滅危惧種を含む複数の野生のラン科植物で種子食のハエによる食害がひどく，結実率の大幅な低下が報告されていた。そこで福島大の山下氏らのグループが各地の植物標本庫（ハーバリウム）のラン科標本を調べ，標本に残されている種子の加害痕からハエの加害が過去 100 年以上にわたって継続的に存在していることを明らかにした（Yamashita *et al.*, 2020）。加害痕からはハエの種の特定はできなかったが，各年代の加害痕に残っているハエの蛹やその羽化殻を DNA 解析したところ，特定の 1 種のハエがいずれの年代でも加害していることが明らかになった。また，この研究ではミトコンドリアの *COI* 遺伝子約 660 塩基と約 160 塩基の 2 つの領域について PCR を行っており，短い領域のほうがより古い時代の標本でも増幅成功率が高いことも示されていた。

　日本各地の科学博物館・総合博物館の収蔵標本でも多くの施設で昆虫の標本はかなりの部分を占めている。さらに個体群生態や群集生態などの分野でも昆虫を対象に研究がされており，その標本を収蔵している大学や研究所も多い。そして日本は古くから多くの愛好家も精力的に昆虫標本を集めているため，日本国内に収蔵されている昆虫標本の数は膨大な数にのぼると考えられる。そのため，標本 DNA 解析の対象となりうる標本の数も相当数にのぼり，昆虫の標本 DNA 解析が可能になることで日本においても保全学や進化学，生態学などにも大きな発展をもたすことができると考えられる。

3. 標本に含まれる DNA の状態

　これまで紹介したように標本 DNA には現生個体の DNA からは得られない情報を得ることができるという利点がある。しかし，なぜ標本 DNA の解析は大々的に行われてこなかったのだろうか。その最大の理由は標本に含まれる DNA は劣化・分解しているため，これまでの PCR やサンガーシーケンスでの DNA 解析では解析が非常に難しかったからであると考えられる（Raxworthy & Smith, 2021）。例えばヒトのゲノムサイズは約 31 億塩基で，染色体の最大のものは 2 億 5000 万塩基である

とされる。すなわちヒトの細胞中には最大2億5000万塩基の非常に長いDNAが含まれていることになる。DNAは生物の遺伝情報であるため通常はヒストンタンパクなどに守られており損傷を受けづらくなっている。そして、もし何らかの要因でDNAに損傷が生じても細胞が生きている際はさまざまな酵素によって修復されるため、DNAはちぎれることなく本来の長さが維持されている。しかし、細胞が死ぬと修復は行われず、さまざまな要因によってDNAは分解され短断片化していく。このDNAの分解要因としては、細胞自身に含まれるDNA分解酵素の反応や単純な加水分解、他の生物による消化、紫外線や熱、物理的な破断などが含まれる。特にDNA分解酵素の多くは加水分解酵素であり25℃程度で十分な酵素活性を持つものが多い。また、時間が経つにつれDNAとタンパク質が共有結合によって物理的に結合してしまう架橋（クロスリンク）や、シトシンが脱アミノ化によってウラシルに変化する（すなわちPCRやNGSで解析するとシトシンがチミンに置き換わりヘテロ化してしまう）ことも問題となる。これらのうち、特に温度や湿度はDNAが長期間残るかどうかにとってかなり重要なようである。

3.1. 標本作成法とDNA

　生物標本にはさまざまな種類があり、多くの場合分類群ごとにその作成方法が異なっている。植物や昆虫などでは押し葉標本や針刺し標本といった乾燥標本であることが多い。また、哺乳類や鳥類などで多く見られる骨格標本や剥製・仮剥製標本も乾燥標本である。そのため、生物標本の大部分は乾燥標本であると言える。その他の標本としては、例えば魚類や両生爬虫類、水生無脊椎動物などではホルマリン固定液浸標本が主流であり、クモなど一部の無脊椎動物や立体的な花などでは70%エタノール液浸標本が採用されることもある。このように生物標本はさまざまな方法で作成・保管されているが、標本作成法によって標本DNA解析の成功率が大きく異なっている。多くの場合、エタノール液浸標本では成功率が高く、よりエタノール濃度が高いほどさらに成功率が高くなる。これはエタノールによる脱水効果とタンパク質変性効果によって加水分解や酵素反応が阻害されるからと考えられる。同様の理由で冷凍保管された標本も成功率が高い。そのため、動物のDNA解析用の標本や組織は99%エタノール液浸や冷凍保管されることが一般的である。一方で、ホルマリン固定標本はホルマリンによってクロスリンクが促進されることや、ホルマリンやその分解物の蟻酸が酸性であることからDNAの分解が促進されるため、DNA解析はより難しいとされている。

生物標本の大部分を占める乾燥標本は標本が外部環境にさらされているため，その保管環境が DNA 解析の成功率に大きく影響すると考えられる。近年標本 DNA 解析が盛んな北米やヨーロッパでは冷涼乾燥な気候のため，加水分解酵素である DNA 分解酵素の活性は低いと予想されるなど，乾燥標本に残っている DNA の分解はある程度抑えられていると考えられる。一方で，日本のような高温多湿な環境で保管されている乾燥標本では DNA の分解はむしろ促進されかねない状況であることが十分に予想される。

3.2. 標本 DNA の劣化

標本 DNA 解析と似た状態のものとして古代 DNA（ancient DNA）解析がある（Pääbo *et al.*, 2004; Shapiro *et al.*, 2019）。古代 DNA は数百年前から数十万年前の生物遺骸に残された DNA を解析対象とするため，標本 DNA とは時間スケールが違うが，古代 DNA も標本 DNA と同様に個体が死んでから DNA が分解・劣化していく。古代 DNA でも DNA の分解・劣化の要因に標本 DNA と同じく温度や湿度が挙げられるが，古代 DNA では劣化過程を推定した研究がある。ニュージーランドの化石鳥類であるモアの古代 DNA を多数解析することによって古代 DNA が解析できる限界を推定した研究では，約 240 bp の DNA 断片の半数が分解されて解析できなくなるまでの時間は 521 年と推定されている（Allentoft *et al.*, 2012）。また，世界で一万年前の古代 DNA が残っている確率を環境要因によって説明した研究によると，日本列島では 150 bp の古代 DNA が残っている率は非常に小さく，北日本を除けば 25 bp という非常に短い DNA であっても残っている確率はかなり小さいと推定されている（Hofreiter *et al.*, 2015）。

古代 DNA は一般的に脊椎動物の骨組織に残っている DNA を対象とするため標本 DNA とは状況が異なる。それでも日本に保管されている乾燥標本の大部分が明治時代以降の 200 年未満でしかないことを考えると，ある程度の標本には DNA が残っていることが期待される。しかし，筆者がチョウ類の収蔵標本を用いて複数の年代の乾燥標本から DNA を抽出し計測したところ，昆虫ではもともとの利用可能な組織量が微量なこともあって，非常に厳しい結果であった。15 年前, 25 年前, 50 年前, 80 年前の標本から DNA を抽出したところ，25 年前までなら短いものの DNA は回収できていたが，50 年前と 80 年前では短断片の DNA でさえあるかどうかわからない状況だった。（図 1）。

ただし，標本にどのくらいの DNA が残っているのかは生物全般ではまったく一般

54　3. 標本に含まれる DNA の状態

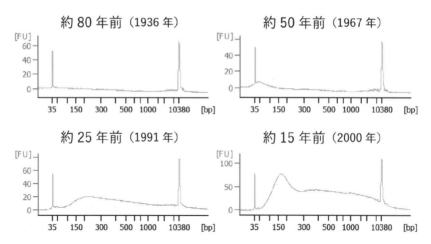

図1　各年代の蝶類の標本から抽出した DNA の量と質
　　約 15 年前から 80 年前のチョウ類の標本の中脚からフェノールクロロホルム法（4.2. 参照）で DNA を抽出し，BioAnalyzer（Agilent Technologies 社）で計測したもの。縦軸は相対蛍光強度（FU）で相対的な DNA 量を示すが，使用組織量が異なるため DNA 量の比較は意味がない。35bp および 10380bp のピークはサイズスタンダード。

化できない。一般的な経験則として，植物では乾燥標本（押し葉標本）にしてからも 10 年単位で DNA 解析ができる割合が高いのに対し，動物では 1〜2 年以内の新しい乾燥標本でないと DNA 解析が難しいとされてきた。そのため，特に動物の場合は，DNA 解析のためには新鮮なうちに冷凍やエタノール液浸などの保存処理をした DNA 抽出用の組織が必要とされてきた。どのような要因で植物と動物でDNA の保存状態が異なるのかよくわかっていないものの，植物細胞には基本的に細胞壁があるため細胞壁を持たない動物細胞よりも物理的に強く，紫外線や燻蒸剤などに対しても抵抗力があるのかもしれない。また，植物が独立栄養であるのに対し，動物は本質的に他の個体を消化することでエネルギーを得る従属栄養であるため，植物細胞よりも動物細胞のほうが分解酵素などの消化能力が高いのかもしれない。あるいは動物細胞は個体の死と細胞の死が直結しており標本化した際には死んでいるのに対し，植物細胞は標本化してもある程度は生き残っているのかもしれない。ともかくも，動物と植物で標本に残っている DNA の量や質は大きく異なっている。また動物内でも比較的 DNA が残りやすい種と残りにくい種がある。個人的な経験としては，動物食や腐肉食の昆虫のほうが植物食の昆虫よりも DNA が

残りにくいと思われる。動物食の昆虫の標本を解剖すると，種によっては死んだ直後でも死んだ際の自己消化によって組織が溶けてしっかりとした腐敗臭がしており，DNA を抽出しても分解した短い断片の DNA しか得られない場合もある。一方で，植物食の昆虫では解剖すると組織の判別も容易なほど内部の筋肉がしっかりと残っている標本もあるなど，多少時間が経過した標本であっても比較的長い断片のDNA が抽出できる場合が多いように思われる。

さらに標本 DNA 特有の事情として，標本保管中に他の生物によって生じる加害と，これを防ぐために使われる燻蒸剤の影響がある。一般に乾燥標本は比較的湿度の低い環境で保管されているが，標本自体が外気に触れており，さらには管理や標本の研究利用などのために人が直接触れたりすることがある。その際にカビなどの菌類や微生物などが標本に付着し，それらが DNA を含む標本の一部を消化して繁殖する場合がある。ひどい場合には，衣料・食品害虫でもあるチャタテムシやヒメマルカツオブシムシなどの昆虫によって，標本全体が消費されてしまうこともある（斉藤, 2016）。このような標本の場合，DNA 抽出してもほとんど取れなかったり，加害生物の DNA ばかりが取れたりしてしまうこともある。そして，多くの博物館などでは，標本を加害する生物を駆除するために，1 年から数年おきに薬剤による燻蒸処理を行っている。しかし，この燻蒸用の薬剤のなかには標本に含まれるDNA の分解を促進してしまうものもある（Kigawa *et al*., 2003; 小菅ほか, 2004）。このような状況と，経時的に生じる DNA の自然分解などによって，一般に標本 DNAの解析は標本が得られてからの時間が経つほど難しくなる。オーストラリアで過去約 100 年間に採集された 1 万個体以上の標本から抽出した DNA について，ミトコンドリアの *COI* 遺伝子の一部を PCR によって増幅して解析した研究では，年を追うごとに PCR の成功率が落ちていき，30 年程度で成功率が 20%程度になっている（Hebert *et al*., 2013）。古いほど解析成功率が落ちる傾向は核ゲノムでも同様であることが報告されている（Derkarabetian *et al*., 2019）。

3.3. 標本からの DNA 抽出法の問題

前述のように標本 DNA は標本の作成方法やその保管状況によって著しく分解が進んでおり，それが標本 DNA 解析を難しくしている最大の要因であると考えられる。しかし，標本からの不適切な DNA 抽出方法によって DNA が抽出できなくなっている可能性もある。図 2 は現在主流であるカラムタイプの DNA 抽出・精製キットのうち，各社から販売されている組織からの DNA 抽出キットと PCR 産物などの DNA

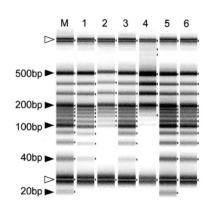

図2 さまざまなDNA抽出法によるDNA断片の回収量の比較

市販の20bpラダー希釈液（レーンM）を，組織からのDNA抽出キット4種（レーン1からレーン4）とPCR産物などを対象にした2種のDNA精製キット（レーン5とレーン6）を使用して抽出し，比較したもの。20bpラダーは20bpから200bpまでは20bpごと，200bpから500bpまでは100bpごとの断片が含まれている。▷で示した25bpおよび1500bpのピークはサイズスタンダード。200bp以上の断片はいずれの方法でもしっかり回収できている。PCR産物などを対象にした2種のDNA精製キットでは短断片のDNAもかなり回収されているが，組織からのDNA抽出キットでは短断片のDNAはあまり回収されていない。

精製キットを使用して，市販の20 bp DNAラダー希釈液からDNAを抽出し，TapeStation D1000（Agilent Technologies 社）で解析・比較したものである[*2]。20 bpラダーは20 bpから500 bpのDNA断片から構成されているが，組織用のDNA抽出キットでは200 bp以下の断片については回収効率が悪いうえにキットによってばらつきがあった。これは新鮮な組織からのDNA抽出では短断片のDNAがその後の実験で阻害的な作用を持つため，キットとして短断片のDNAを積極的に除去しているからだと考えらえる。そのため，標本からのDNA抽出に新鮮な組織からのDNA抽出と同様の方法を使っていた場合は，本来標本に残っていたDNAがうまく抽出できず，結果として標本DNA解析がうまくいかなかったケースもあるのだろうと考えられる。

一方，DNA精製キットで抽出したものは40 bpを含む短いDNA断片もほぼ回収できていた。しかし，DNA精製キットは不純物の少ないDNA溶液からのDNAの回収を目的としているため，組織に含まれる不純物や阻害物質を完全に除去できていない可能性がある。これらのDNA抽出・精製キットは各メーカーから用途によってさまざまな製品が販売されているため，キットによってターゲットとなるDNA

[*2] カラムタイプのキットの他に，磁性ビーズを使うキットや，エタノール沈殿をベースにしたキットも各社から複数販売されている。

のサイズがさまざまであり，さらにキットごとにタンパク質や脂肪などの阻害物質の除去の優劣も異なる．また，標本も分類群や生活史ステージによって阻害物質や不純物の含有量が異なるため，一概にどのキットが良くて悪いかは判断できないが，解析対象の標本の分類群や状態によっては DNA 抽出キットの種類によって DNA 抽出がうまく行かない場合があることは念頭においておくべきだろう．

4. アブラゼミ族の分子系統

これまで標本 DNA を扱った研究や標本 DNA の特徴について紹介してきたが，ここからは筆者が現在行っているセミの標本 DNA を用いた分子系統解析を通して，昆虫の標本 DNA の特徴や問題について紹介する．

セミはその鳴き声から多くの人にとってなじみの深い昆虫の 1 つといえる．特にアブラゼミ *Graptopsaltria nigrofuscata* やミンミンゼミ *Hyalessa maculaticollis*，西日本のクマゼミ *Cryptotympana facialis* は盛夏の象徴となっていて，ヒグラシ *Tanna japonensis* の鳴き声は日暮れを，ツクツクボウシ *Meimuna opalifera* の鳴き声が目立つと夏の終わりを感じる人が多いだろう．このように身近な昆虫であるセミだが，その割に知られていることが少ない昆虫でもある．日本には 35 種のセミが分布しており（Hayashi & Saisho, 2015），日本全体で考えれば冬以外は日本のどこかでセミが鳴いている．春から初夏にかけて海岸部などのマツ林で鳴いているハルゼミ *Terpnosia vacua* や，同じ時期に落葉広葉樹帯でよく鳴いているエゾハルゼミ *Terpnosia nigricosta*，夏から冬にかけて沖縄や奄美で聞こえるオオシマゼミ *M. oshimensis* やクロイワツクツク *M. kuroiwae* など夏以外にも意外とセミの鳴き声を聞く機会はあるのだが，それをセミの鳴き声と認識している人は一般にはあまり多くない．セミはその生活史の大部分を地中で過ごすため，日本に分布するセミではほとんどの種で正確な寿命すらもわかっていない．かくいう筆者も昔からセミに興味があったわけではなく，学位を取得後にたまたま学生実習用の観察材料としてセミの標本を集める機会があり，その際に比較系統地理の 1 つの材料として着目したことがきっかけである．特に日本列島に広く分布し，最も身近な種の 1 つであるアブラゼミに着目した．そして日本にはアブラゼミの同属種の中琉球（沖縄群島と奄美群島）の固有種であるリュウキュウアブラゼミ *G. bimaculata* も分布している．アブラゼミとリュウキュウアブラゼミは鳴き声のパターンはかなり異なっているが，羽が茶色のまだら模様など外見は良く似ている．本州や九州・四国そして朝鮮半島など比較的広い分布域を持つアブラゼミと，2 つの群島のみというかなり狭い分布域を持つリュウ

図3 解析に使用したセミの標本
 a: *Formotosena seebohmi*（台湾），**b**: *Angamiana floridula*（タイ），**c**: *Polyneura cheni*（中国）。

キュウアブラゼミを比較することで面積や島という性質がどれくらい遺伝的構造に影響するのかを解明しようと思った．しかし，この2種は系統的にどれくらい離れているのか，そもそもこの2種は最も近縁な姉妹種なのかなど，近縁種との系統関係がどうなっているのかを解明する必要があった．

4.1 アブラゼミ族とは

アブラゼミ属 *Graptopsaltria* は世界に3種が知られ，屋久島から北海道にかけての日本列島と朝鮮半島から中国の一部にアブラゼミが，中琉球にリュウキュウアブラゼミが，そして中国の南部に *G. tienta* が分布する．また，アブラゼミ族は *Graptopsaltria, Angamiana, Polyneura, Formotosena* の4属が含まれ，東アジアを中心にインドまで分布している．そして *Graptopsaltria* 以外は日本には分布していない．日本の隣の台湾にはタイワンアブラゼミ *Formotosena seebohmi* が台湾から中国にかけて分布している．筆者はアブラゼミとリュウキュウアブラゼミの系統関係について，すべての属を含む分子系統解析によって解明しようと試みた．しかし，外群がすべて海外産であるため実際に新鮮な標本を集めようと思うと複数の国に採集調査に行く必要がある．現在，海外で採集調査を行い，標本を日本に

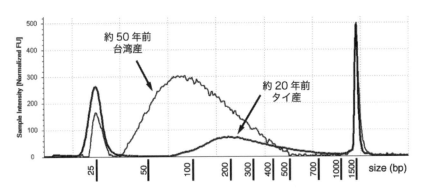

図4　セミの標本から得られたDNAの長さ
　太線は20年前のタイ産（図3-b），細線は50年前の台湾産（図3-a）のセミ標本の筋肉組織から得たDNA。25bpおよび1500bpのピークはサイズスタンダード。縦軸は相対的なDNA量であるが，抽出に使用した組織量が異なるので2個体間でのDNA量の差に意味はない。

持ってくるには生物多様性条約（ABS）に則って相手国との同意が必要であり，さらに海外調査費用・調査期間などを考えると，簡単にサンプルの収集ができるようなものではとうていなかった。一方で，これらの属の種には稀少種も普通種も含まれているため，あくまで族内の属間の系統関係に着目するのであれば，すべての属の標本は規制前に合法的に採集されたものが博物館や個人蔵の標本などで日本国内に存在している。そこで標本DNAを用いることで外群を揃え，アブラゼミ族内の系統関係を推定することにした。

　では実際に何年前の標本を解析すればよいだろうか。標本DNAは標本の組織を利用するため，大なり小なり標本の破壊をともなう。そのため，標本の収蔵機関や個人に対し，標本の利用許可を得る必要がある。また過去の標本は有限であるため，むやみに多数の標本を利用するのではなく，成功率の高い標本を選ぶ必要がある。ただ，セミの分子系統解析は先行研究があり，特に京都大の曽田教授らのグループが行っていたエゾゼミの分子系統解析の研究では10年以上経過した乾燥標本も解析対象としていた（Sota *et al.*, 2016）。この研究では，2003年の一部の乾燥標本からもミトコンドリアの*COI*遺伝子と核の*EF-1α*遺伝子のPCRとサンガーシーケンスを行い，シーケンスデータを得ていた。そのため，セミはかなり古くても解析できるのではないかということで，所蔵機関や標本所有者に了承をとって，*Formotosena*は約50年前の台湾産の標本，*Angamiana*と

Polyneura は約 20 年前のタイおよび中国産の標本を解析対象とした（図3）。

4.2. セミの標本からの DNA の抽出

DNA を抽出するため、用意した古いセミの乾燥標本から中脚をはずし、その脚についている筋肉または胸部の筋肉を取り出した。取り出した筋肉はバッファー内で分解酵素のプロテイナーゼ K でタンパク質を溶解させた後、フェノールとクロロホルムでタンパク質を変性させ、イソプロピルアルコール沈殿で DNA を抽出した（フェノールクロロホルム法）[*3]。得られた DNA の量と質は標本によって異なっていたが、全体として得られた DNA はかなり短い断片であった（図4）。図示した個体のうち約 50 年前の標本は、DNA のピークが 100 bp 以下であるため、3.3. で紹介したように、カラム抽出キットの種類によっては DNA の回収率が著しく悪くなっていたことが想定される。また、これらの標本の DNA は長断片の DNA がほとんどないため、従来の PCR による特定領域の増幅とサンガーシーケンスでは実験がかなり困難であることも想定される。

4.3. ライブラリ作成

今回、セミの標本から抽出した DNA は短断片で DNA の総量も少ないため、全ゲノムライブラリを作成し NGS による解析を行った。通常、NGS 用のライブラリを作成する場合はコバリスやバイオラプターなどの超音波破砕機を使った物理的破断や酵素反応による破断を行って、DNA を特定の大きさの断片にする必要がある。一方、前述の通り標本 DNA はすでに断片化しているため、この断片化の作業は不要となる。そのため、物理破断した DNA を使ったライブラリ作成と同様に、得られた DNA 断片の末端の修復などを行うことでライブラリを作成することができる。しかし、標本 DNA は 2 本鎖の片側が切れている状態のニック（切れ込み）があることが多く、この場合は 1 本鎖になった際に PCR などのその後の反応がうまく行かない。さらに前述のウラシル化などの問題もあるため、これらについては修復をするとライブラリ作成の効率が良くなると考えられる。具体的にはウラシル DNA グリコシラーゼ（UNG）によるウラシルのみの選択的な消化や、特定のエンドヌクレアーゼやリガーゼなどの修復酵素によるニックの修復などで、これらの修復に特化したキットも市販されている。今回は New England Biolabs 社から市販されているキット

[*3] フェノールクロロホルム法はエタノール沈殿ベースの DNA 抽出法だが、フェノールとクロロホルムは両方とも劇物指定されているため、現在では推奨される抽出法ではない。

を利用し修復を行った。

4.4. NGS を利用した系統解析の種類

　長断片で DNA の総量も多い新鮮な組織から抽出した DNA と比べ，短断片で DNA の総量が限られる標本 DNA では利用できる解析法に限りがある。2020 年代では DNA の質がよく量がある程度あれば ddRAD-seq（Peterson *et al.*, 2012）や MIG-seq（Suyama & Matsuki, 2015）などによる縮約ゲノム法が集団遺伝解析や分子系統解析に非常に有効であると考えられている。しかし，ある程度古い標本では短断片の DNA が比較的少量しか得られないため，直接これらの方法を使うことは難しい。そこで近縁種や同種の質の良い DNA から作成した RAD ライブラリをもとにターゲットキャプチャー [*4] で濃縮して解析する hyRAD（Suchan *et al.*, 2016）やその改良法（Lang *et al.*, 2020; Toussaint *et al.*, 2021）が考案されている。また，特定の遺伝子などの複数の領域をターゲットキャプチャーで濃縮して解析する方法も有効である。特に属間の系統関係などの大系統では ultra-conserved elements（UCEs）と呼ばれるゲノム中の超保存的な領域（Bejerano *et al.*, 2004）をターゲットにしたものがよく知られており，分類群によってはキット化され市販されている。日本で長期間保管された標本を使った研究も行われており，古くは 1950 年代の乾燥標本を使用して UCEs によるオサムシ亜科の系統関係を明らかにした研究がある（Sota *et al.*, 2022）。

　もう 1 つの方法として挙げられるのが，ゲノムライブラリー全体のデータを NGS で取得し，得られたデータをパソコンやスパコンを使って解析することで特定の領域を抽出する方法である。対象としてはさまざまな領域が想定されるが，特に動物では有力なものとしてオルガネラであるミトコンドリアのゲノム（ミトゲノム）が挙げられる。ミトコンドリアは真核生物が持つオルガネラだが，1 細胞中に数百単位で存在するため必然的にカバレッジが高くなり，ゲノムライブラリー中からの抽出が容易であると考えられる。植物のミトコンドリアは数十以上の遺伝子を含み，多数かつ非常に長いイントロンを持っているため，そのサイズは数百 k bp から 2M bp 近くにもなり，さらには相同組換えが生じるなどの特徴を持つ。例えばモデル生物のシロイヌナズナでもミトゲノムの長さは 366 k bp もある（Unseld *et al.*, 1997）。そのため，ミトゲノム全体を決定するのは容易ではない。一方，動物のミトコンドリアは哺乳

---

*4　目的の配列と同じ合成配列と磁性ビーズからなるベイトを作成し，ゲノムライブラリーの同じ配列と結合させて回収することで目的配列の濃度を上げる方法。

類でも魚類でも昆虫でも基本的に 16 k bp 前後の大きさで，最大でも 80 k bp 程度（Stampar et al., 2019）である。そして 13 個のタンパクコード遺伝子，2 個のリボソーム RNA, 22 個のトランスファー RNA が含まれるのみである (Boore, 1999)。また，複製開始点である Control region（CR 領域：または D-loop 領域とも呼ばれる）を除くとイントロンや遺伝子間領域などの非遺伝子領域はほとんどないなど，保存性が高い [*5]。そのため，動物ではミトゲノムの決定は比較的容易であり，データベースも比較的充実している。ミトゲノムを決定し，このなかに含まれる 13 個のタンパクコード遺伝子と 2 個のリボソーム RNA を解析対象にすると 1 連鎖群で 1 万塩基以上の塩基配列データを利用することができ分子系統解析にも有力なデータとなる (Cameron, 2014)。

また，核ゲノムのリボソーム RNA も有力な候補となる。真核生物ではリボソーム RNA の大サブユニット（28S rRNA）と小サブユニット（18S rRNA）やその前後や間の転写スペーサー領域（ITS や ETS など）などがまとまっており，それが協調進化（concerted evolution）しながらマルチコピーとしてゲノム中に散在している。そのため，オルガネラゲノムほどではないが高カバレッジが期待できる。また，リボソーム RNA は比較的進化速度が遅く，転写スペーサー領域は比較的進化速度が速いため，目的とする系統解析に合わせて使用する領域を選択することができる。2 つのリボソーム RNA はいずれも分子系統解析で古くから使われている領域であり (Mindell & Honeycutt, 1990; Olsen & Woese, 1993)，ミトゲノムと合わせることでオルガネラゲノムと核ゲノムのそれぞれからデータを得ることができ，より信頼性の高い系統樹を構築することができる。

4.5. 標本 DNA から得られたリード

それぞれのセミ標本から作成したライブラリは国立科学博物館に設置されている小型 NGS である Miseq でシーケンスを行った。得られた塩基配列は platanus-allee (Kajitani et al., 2019) または CLC Genomics Workbench（QIAGEN 社）によってデノボアセンブル [*6] し，多数の contig を得た。このうち，5000 bp 以上の contig について

[*5] 例外的に，シラミ類の複数の種など一部ではミトゲノムが複数の環状 DNA に分かれていることが知られている（Cameron et al., 2011; Shao et al., 2009）。

[*6] 複数の塩基配列を結合して，より長い配列にすることをアセンブルといい，結合の際に他の個体のゲノム情報を参照しないでアセンブルすることをデノボ (de novo) アセンブルという。複数の配列をアセンブルして作られた配列を contig（コンティグ）と呼ぶ。

BLAST 検索解析を行い、ミトゲノムをピックアップした。BLAST 検索解析を行ったところ、ほとんどの個体ではセミ亜科のミトゲノムにマッチする配列が得られた。しかしいくつかの個体では得られた contig の大部分がバークホルデリア属やメチルバクテリウム属などの環境常在細菌やタマホコリカビなどのゲノムにマッチし、ミトゲノムは一部のみが得られた。これは標本の状態に依存しており、乾燥標本化の処理をされるまでに時間がかかっていたり、常温で一時的にせよカビが生えやすい高湿度で保管されたりしたことがあったのだろうと考えられる。このように標本 DNA は標本の状態によって、解析がうまくいくかどうかが左右される。そして見かけ上は標本がきれいで問題なさそうであっても、過去の燻蒸によって DNA がダメージを受けている場合もあり、問題なく解析できるかどうか解析するまでかわからないのも標本 DNA 解析の難しい点である。ただ DNA の質が悪く目的の個体の配列の含有率が低くても、解析するリード数を増やし全体のデータ量を増やすことで目的の配列を得ることができる場合が多いのも NGS を用いた解析の特徴でもある。今回、一部のミトゲノムしか得られなかった個体のうち、いくつかの個体はリード数を倍に増やすことでミトゲノムのほぼ全長を得ることができた。筆者が現在業務で行っている脊椎動物のゲノム解析でもひどい場合は目的配列の含有率が 0.001％を切っていることもあるが、リード数を増やすかターゲットキャプチャー実験を行うことで目的配列を得ることができる場合もある（ただしリード数を増やすにはそれに比例して実験費用がかさむという問題もある）。

4.6. 標本 DNA を用いた分子系統解析

得られた配列をもとに最尤法で系統樹を構築したのが**図 5** である。ミトゲノムをもとにした系統樹と DNA バーコーディングでよく利用されるミトコンドリア *COI* 遺伝子の前半 658 bp をもとにした系統樹と比べると、全体の分岐順などは一致しているがミトゲノムをもとにした系統樹のほうがそれぞれのノードの信頼度は高くなっている。これはミトゲノムの方がより多くの系統的に有効なデータを含んでいるからであり、核のリボソーム RNA のデータを加えるとさらに信頼性は高くなると考えられる。

この系統樹からは、*Graptopsaltria, Angamiana, Polyneura, Formotosena* からなるアブラゼミ族は単系統であり、*Graptopsaltria* 属の最近縁属は *Formotosena* 属であることが明らかになり、当初の目的を解明することができた。このように、今回のセミの標本 DNA の研究では新たに海外に調査に行くことなく、日本国内にある標本のみで属間の系統関係を解明することができた。残念ながらミ

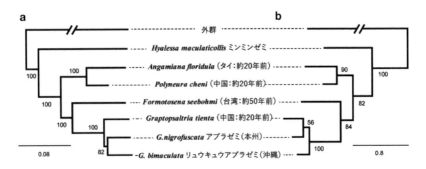

図5 アブラゼミ族の分子系統樹
a: ミトコンドリアゲノムの13タンパクコード遺伝子および2リボソームRNAの配列計13377bpに基づく最尤系統樹。b: DNAバーコーディングで使われるミトコンドリア *COI* 遺伝子の前半658bpに基づく最尤系統樹。枝の数値は1000回のブートストラップ値を示す。

トゲノムだけではアブラゼミとリュウキュウアブラゼミが姉妹種であるかは高いブートストラップ値では支持されなかったが，*Graptopsaltria* 属のもう1種の *G. tienta* ともほぼ同じ分岐の深さであり，比較的古くに分化したことが推定される。

　これまでセミの標本DNAを用いてミトコンドリアゲノムと核のリボソームRNAを対象にした分子系統解析の研究について紹介してきた。この研究では標本DNAから全ゲノムライブラリを構築したが，全ゲノムライブラリ作成はNGSを用いたさまざまな解析で使われる技術である。これまでに紹介した解析法のうち，縮約ゲノム法であるhyRADやターゲットキャプチャー法であるUCEsなどは，基本的にまず全ゲノムライブラリを作成し，これを対象にキャプチャーを行う。そのため，これらの解析を行う際に，実験手順をあまり増やさずにミトコンドリアゲノムや核リボソームRNAの解析を同時に行うことができ，解析の幅を広げることが可能である。また，2020年代でもNGSの発展は続いており，標本DNA解析に有用な短い配列を大量に解読するタイプのNGSではいっそうの超並列化や大規模化が進んでいるため，1塩基当たりの単価がどんどん安くなっている。そのため，状態が悪い標本から得られた，目的配列の含有率が比較的低い標本DNAであっても，多数のリードを読むことやさまざまに改良された方法を採用することで目的配列を得ることができるようになりつつある。そして，近い将来には定点調査などで得られた普通種の標本からの遺伝的構造の時空間変動の解析や多数の標本DNAを用いた全ゲノム比較解析など，多数の標本DNAを使った解析も可能になると思われる。

まとめ

21世紀になって20年以上経ったが，気候変動などの環境変化や生息地破壊，侵略的外来種の増加など，在来野生生物の生息環境には改善の兆しが見られない。2010年以降でクニマス *Oncorhynchus kawamurae*（Nakabo *et al.*, 2011）やキイロネクイハムシ *Macroplea japana*（Kato & Sota, 2022）のように絶滅種が再発見されることもあったが，一方でオガサワラシジミ *Celastrina ogasawaraensis* やイシガキニイニイ *Platypleura albivannata* のように生息が絶望視され絶滅がほぼ確定しつつある種も多くなっている。さらにはレッドリスト掲載種や種の保護法指定種も増加の一途をたどっている。また，法律や条例によって保護区が拡大したり地域指定の採集規制が制定されたりするなど，野生生物を対象とした野外調査や採集調査などの研究にもさまざまな制約が増えつつある。標本を活用した研究は現生の集団に影響を与えず，さらに過去の研究や調査の蓄積を活用することができる。そのため，標本DNAを用いた研究の重要性も今後増加していくと考えられる。

引用文献

Allentoft, M. E. *et al.* 2012. The half-life of DNA in bone: Measuring decay kinetics in 158 dated fossils. *Proceedings of the Royal Society B: Biological Sciences* **279**: 4724–4733.

Bejerano, G. *et al.* 2004. Ultraconserved elements in the human genome. *Science* **304**: 1321–1325.

Boore, J. L. 1999. Animal mitochondrial genomes. *Nucleic Acids Research* **27**: 1767–1780.

Cameron, S. L. 2014. Insect mitochondrial genomics: Implications for evolution and phylogeny. *Annual Review of Entomology* **59**: 95–117.

Cameron, S. L. *et al.* 2011. Mitochondrial genome deletions and minicircles are common in lice (Insecta: Phthiraptera). *BMC Genomics* **12**: 394.

Derkarabetian, S. *et al.* 2019. Sequence capture phylogenomics of historical ethanol-preserved museum specimens: Unlocking the rest of the vault. *Molecular Ecology Resources* **19**: 1531–1544.

Feng, S. *et al.* 2019. The genomic footprints of the fall and recovery of the crested ibis. *Current Biology* **29**: 340–349.e7.

林正美・税所康正. 2015. 改訂版日本セミ科図鑑. 誠文堂新光社.

Hebert, P. D. N. *et al.* 2013. A DNA "barcode blitz": Rapid digitization and sequencing of a natural history collection. *PLOS ONE* **8**: e68535.

Hofreiter, M. *et al.* 2015. The future of ancient DNA: Technical advances and conceptual shifts: Prospects & Overviews. *BioEssays* **37**: 284–293.

Hundsdoerfer, A. K. & I. J. Kitching. 2017. Historic DNA for taxonomy and conservation: A case-study of a century-old Hawaiian hawkmoth type (Lepidoptera: Sphingidae). *PLOS ONE* **12**: e0173255.

Hung, C.-M. *et al.* 2014. Drastic population fluctuations explain the rapid extinction of the passenger pigeon. *Proceedings of the National Academy of Sciences of the United States of America* **111**: 10636–10641.

Ishiguro, N. *et al.* 2009. Mitochondrial DNA analysis of the Japanese wolf (*Canis lupus hodophilax* Temminck, 1839) and comparison with representative wolf and domestic dog haplotypes. *Zoological Science* **26**: 765–770.

Kajitani, R. *et al.* 2019. Platanus-allee is a de novo haplotype assembler enabling a comprehensive access to divergent heterozygous regions. *Nature Communications* **10**: Article 1.

Kato, M. & T. Sota. 2022. Rediscovery of *Macroplea japana* (Coleoptera: Chrysomelidae: Donaciinae), an aquatic leaf beetle once thought to be extinct in Japan. *Entomological Science* **25**: e12517.

Kigawa, R. *et al.* 2003. Effects of various fumigants, thermal methods and carbon dioxide treatment on DNA extraction and amplification: A case study on freeze-dried mushroom and freeze-dried muscle specimens. *Collection Forum* **18**: 74–89.

小菅桂子ほか. 2004. 生物系収蔵資料に含まれる DNA に及ぼすヨウ化メチル燻蒸剤の影響. 分類 **4**: 17–28.

Krings, M. *et al.* 1997. Neandertal DNA sequences and the origin of modern humans. *Cell* **90**: 19–30.

Lang, P. L. M. *et al.* 2020. Hybridization ddRAD-sequencing for population genomics of nonmodel plants using highly degraded historical specimen DNA. *Molecular Ecology Resources* **20**: 1228–1247.

Matsumura, S. *et al.* 2020. Analysis of the mitochondrial genomes of Japanese wolf specimens in the Siebold Collection, Leiden. *Zoological Science* **38**: 60–66.

Mikheyev, A. S. *et al.* 2017. Museum genomics confirms that the Lord Howe Island stick insect survived extinction. *Current Biology* **27**: 3157–3161.e4.

Mindell, D. P. & R. L. Honeycutt. 1990. Ribosomal RNA in vertebrates: Evolution and phylogenetic applications. *Annual Review of Ecology and Systematics* **21**: 541–566.

文部科学省. 2020. 社会教育調査, 平成 30 年度. https://www.mext.go.jp/b_menu/toukei/chousa02/shakai/index.htm

Nakabo, T. *et al.* 2011. *Oncorhynchus kawamurae* "Kunimasu," a deepwater trout, discovered in Lake Saiko, 70 years after extinction in the original habitat, Lake Tazawa, Japan. *Ichthyological Research* **58**: 180–183.

Nakahama, N. & Y. Isagi. 2018. Recent transitions in genetic diversity and structure in the endangered semi-natural grassland butterfly, *Melitaea protomedia*, in Japan. *Insect Conservation and Diversity* **11**: 330–340.

Nakahama, N. *et al*. 2018. Historical changes in grassland area determined the demography of semi-natural grassland butterflies in *Japan. Heredity* **121**: 155–168.

Nakahama, N. 2021. Museum specimens: An overlooked and valuable material for conservation genetics. *Ecological Research* **36**: 13–23.

Nakahama, N. *et al*. 2022. Identification of source populations for reintroduction in extinct populations based on genome-wide SNPs and mtDNA sequence: A case study of the endangered subalpine grassland butterfly *Aporia hippia* (Lepidoptera; Pieridae) in Japan. *Journal of Insect Conservation* **26**: 121–130.

Noonan, J. P. *et al*. 2006. Sequencing and analysis of Neanderthal genomic DNA. *Science* **314**: 1113–1118.

Olsen, G. J. & C. R. Woese. 1993. Ribosomal RNA: A key to phylogeny. *The FASEB Journal* **7**: 113–123.

Pääbo, S. *et al*. 2004. Genetic analyses from ancient DNA. *Annual Review of Genetics* **38**: 645–679.

Peterson, B. K. *et al*. 2012. Double digest RADseq: An inexpensive method for de Novo SNP discovery and genotyping in model and non-model species. *PLOS ONE* **7**: e37135.

Raxworthy, C. J. & B. T. Smith. 2021. Mining museums for historical DNA: Advances and challenges in museomics. *Trends in Ecology & Evolution* **36**: 1049–1060

斉藤明子. 2016. 昆虫研究者のための博物館資料論・資料保存論 (1). 昆虫標本の生物被害と IPM. 昆蟲 (ニューシリーズ) **19**: 159–171.

Shao, R. *et al*. 2009. The single mitochondrial chromosome typical of animals has evolved into 18 minichromosomes in the human body louse, *Pediculus humanus. Genome Research* **19**: 904–912.

Shapiro, B. *et al*. (*eds*.) 2019. Ancient DNA: Methods and Protocols (Vol. 1963). Springer.

Soares, A. E. R. *et al*. 2016. Complete mitochondrial genomes of living and extinct pigeons revise the timing of the columbiform radiation. *BMC Evolutionary Biology* **16**: 230.

Sota, T. *et al*. 2020. The origin of the giant ground beetle *Aplothorax burchelli* on St Helena Island. *Biological Journal of the Linnean Society* **131**: 50–60.

Sota, T. *et al*. 2016. Phylogenetic relationships of japanese *Auritibicen* species (Hemiptera: Cicadidae: Cryptotympanini) inferred from mitochondrial and nuclear gene sequences. *Zoological Science* **33**: 401–406.

Sota, T. *et al*. 2022. Global dispersal and diversification in ground beetles of the subfamily Carabinae. *Molecular Phylogenetics and Evolution* **167**: 107355.

Stampar, S. N. *et al*. 2019. Linear mitochondrial genome in *Anthozoa* (Cnidaria): A case study in Ceriantharia. *Scientific Reports* **9**: Article 1.

Stork, N. E. 2018. How many species of insects and other terrestrial arthropods are there on Earth? *Annual Review of Entomology* **63**: 31–45.

Suchan, T. *et al.* 2016. Hybridization capture using RAD probes (hyRAD), a new tool for performing genomic analyses on collection specimens. *PLOS ONE* **11**: e0151651.

Suyama, Y. & Y. Matsuki. 2015. MIG-seq: An effective PCR-based method for genome-wide single-nucleotide polymorphism genotyping using the next-generation sequencing platform. *Scientific Reports* **5**: Article 1.

Toussaint, E. F. A. *et al.* 2021. HyRAD-X Exome capture museomics unravels giant ground beetle evolution. *Genome Biology and Evolution* **13**: evab112.

Unseld, M. *et al.* 1997. The mitochondrial genome of *Arabidopsis thaliana* contains 57 genes in 366,924 nucleotides. *Nature Genetics* **15**: Article 1.

Waku, D. *et al.* 2016. Evaluating the phylogenetic status of the extinct Japanese otter on the basis of mitochondrial genome analysis. *PLOS ONE* **11**: e0149341.

Yamashita, Y. *et al.* 2022. Molecular identification of seed-feeding flies dissected from herbarium specimens clarifies the 100-year history of parasitism by *Japanagromyza tokunagai* in Japan. *Ecological Research* **37**: 240–256.

Yamashita, Y. *et al.* 2020. Herbarium specimens reveal the history and distribution of seed-feeding fly infestation in native Japanese orchids. *Bulletin of the National Museum of Nature and Science. Series B, Botany* **46**: 119–127.

コラム1　次世代シーケンサーを用いた海藻類のタイプ標本の遺伝子解析

鈴木 雅大（鹿児島大学大学院連合農学研究科）

　近年，海藻類の分類学的研究は，遺伝子解析と形態的特徴に基づいて種や属を整理するのがスタンダードとなっており，新属，新種の記載が精力的に行われている。種を記載するに当たり，必要になるのが「タイプ」である。国際藻類・菌類・植物命名規約（深圳規約; Turland *et al.*, 2018）の 原則 II において，「分類学的群の学名の適用は命名法上のタイプに基づいて決定される」と規定されており，サンプルが同種か別種かを判断するには，「タイプ」との比較が不可欠である。大形海藻類の場合，「タイプ」のほとんどは腊葉標本であり，種を整理する際はホロタイプ（正基準標本：命名法上のタイプとして指定された標本）あるいはレクトタイプ（選定基準標本：ホロタイプが指定されていない，失われている，ホロタイプが複数種を含む場合などに際し，選定された標本）を観察するのが通常である。海藻類は生育時期や生育地によって体の形態が激しく変わるものが多く，体の内部構造や生殖器官の構造を詳細に比較する必要がある。しかし，数十年から100年以上前に作製されたタイプ標本の場合，体の一部のみしかないものや，生殖器官が付いていないものも少なくなく，タイプ標本の形態を観察しても，比較ができない場合も多い。このような場合，その種が記載されたタイプ産地へ行き，その種に相当するサンプルを採集することが有効である。しかし，埋立等によってタイプ産地が消失している，環境変化などでその地域では生育が確認できなくなっている，過去に数例しか報告がない稀産種である，タイプ産地が紛争地域であるなど，タイプ産地での採集が困難なケースも多い。また，海藻類では，形の良く似た複数種が同所的に分布していることがあり，1つの岩の上に複数の隠蔽種が生育していた事例も知られている。この場合，タイプ産地で採集できたとしても，どのサンプルがタイプに相当するのか判断することが困難である。このように，「タイプ」との比較ができず，分類学的研究が行き詰っている分類群は少なくない。

タイプ標本との形態的な比較が難しい場合や，タイプ産地での採集が困難である場合，最も有効と考えられるのは，タイプ標本から DNA を抽出し，遺伝子解析を行うことである。しかし，作製後数十年以上経過した標本から抽出した DNA は，断片化が進んでおり，通常の PCR 法による増幅，サンガー法によるシーケンスが困難な場合が多い。数十年以上前に作製された海藻のタイプ標本について，50〜100 bp 程度を増幅するように設計したプライマーを用いた PCR が行われているが，それらの増幅産物から決定された配列をつなぎ合わせて得られた長さは 150〜500 bp 程度で，配列全長からすれば短いものが多い（Hind *et al.*, 2014; Hanyuda *et al.*, 2020 など）。この問題を解決するため，2010 年代半ば頃から，次世代シーケンサーを用いた解析が行われている（Hughey *et al.*, 2014; 2019; 2022; Boo *et al.*, 2016; Suzuki *et al.*, 2016; Boo & Hughey, 2019 など）。本稿では，近年実施されている次世代シーケンサーを用いた海藻類のタイプ標本の遺伝子解析の現状と課題について紹介したい。

1. 次世代シーケンサーを用いた解析

断片化された DNA 配列に対して，次世代シーケンサーを用いて読み込み，既知の種の配列に合わせてマッピングするという手法は，化石や古い剥製などから DNA 配列を得る方法として知られている（Green *et al.*, 2010; Segawa *et al.*, 2022 など）。海藻類のタイプ標本の解析で用いられている方法もほぼ同様で，タイプ標本の欠片から DNA を抽出し，Illumina MiSeq, Illumina HiSeq などの次世代シーケンサーで解析し，配列を決定している。この方法は，タイプ標本などの古い標本を対象とした遺伝子解析のブレイクスルーとなり，2023 年までに数十種の海藻類のタイプ標本について，次世代シーケンサーを用いた遺伝子配列の決定が行われ，タイプ標本の遺伝子配列を基準として区別された新種の記載や，別種として扱われていた数種が同種としてまとめられるなどの分類学的研究が実施されている（Hughey *et al.*, 2014; 2019; 2022; Boo *et al.*, 2016; Suzuki *et al.*, 2016; Boo & Hughey, 2019）。また，国際遺伝子配列データベースに，系統的に異なる複数の遺伝子配列が同じ種の名前で掲載され，どれが正しい配列なのかわからず，混乱していたものが，タイプ標本の遺伝子配列が決定されたことによって整理されるなど，データベースや過去の論文の同定の誤りを正すことにもつながっている（Hughey *et al.*, 2019; 2022）。

2. 次世代シーケンサーを用いた解析の流れと注意点

次世代シーケンサーを用いた大形藻類の解析について，実験と解析の流れと注意点について紹介する。

2.1. 標本から欠片を採取する

抽出に必要な欠片の大きさは，海藻の種類によってさまざまであるが，枝状のものであれば，1 mm×5 mm，膜状のものであれば 5 mm×5 mm 位を目安としている。採取に当たっては，藻体の表面に異物の付いていない，きれいな箇所であるとともに，できる限り標本の見映えを損なわない箇所を慎重に選抜する必要がある。なお，タイプ標本からのサンプル採取は，慎重を期す必要がある。研究を計画するうえでの注意点を以下に挙げる。

①キュレーターの助言や命名規約に基づき，事前にタイプ標本や原資料の全貌を調査しておくこと

②タイプ標本からの DNA サンプリングの必要性を明確にしておくこと

③キュレーターと綿密にコミュニケーションをとり，信頼のおける人間関係を築いておくこと（特に出版予定の論文のオーサーシップの事前確認があるとスムーズ）

2.2. DNA の抽出

DNA の抽出方法は，サンプルや抽出キットによりさまざまだが，できる限り DNA にダメージのない抽出法が望ましい。一連の作業は，コンタミを防ぐため，クリーンベンチや PCR クリーンベンチで行い，実験前には，マイクロピペットや各種器具を DNA 除去剤で洗浄する。

2.3. DNA のクオリティチェック

抽出した DNA を蛍光光度計やバイオアナライザー電気泳動システムなどを用いて定量，クオリティチェックを行う。DNA 量に余裕があれば，50〜100 bp 程度を増幅するように設計したプライマーを用いて PCR 法を行い，増幅の有無を確認した方がよい。PCR 法で増えないからといって，配列を決定できないわけではないが，DNA のクオリティが低い場合に，ライブラリ作製に進むかどうかを判断する基準の 1 つとなるだろう。

2.4. 次世代シーケンサーを用いた解析

抽出した DNA サンプルを用いてライブラリ作製を行い，次世代シーケンサーで解析する。得られたリードのクオリティをチェックし，クオリティの低いリードとアダプター配列を除去する。

2.5. 各種遺伝子配列の決定

遺伝子配列は，2 通りの方法で決定し，それぞれの方法で決定した配列に差異がないことを確認する。

①近縁種の遺伝子配列を集めてデータベースを作成し，scaffolds（contig〔リードをアセンブルした配列〕を連結した配列。部分的に隙間を含む）を用いて相同性検索を行い，相同性の高い配列を抽出する

②リードデータと scaffolds それぞれについて，近縁種の遺伝子配列データを参照配列としてマッピングし，コンセンサス配列を構築する。

海藻類の場合，オルガネラのゲノム配列が未だ決定されていない分類群が多く，核を含む全ゲノム配列においては，9 種程度である（2023 年 1 月時点）。このため，分類群によっては，参照配列とするための配列データを自前で用意する必要があり，実験，解析を行うに当たり，参照配列が揃えられるかどうか，事前に検討しておくことが望ましい。

3. 紅藻ヨゴレコナハダの事例

ここでは，著者が紅藻ヨゴレコナハダの分類学的研究において実施した次世代シーケンサーを用いた解析の内容について紹介する。

3.1. 研究の背景

著者は，新潟県佐渡島で「ヨゴレコナハダ」と呼ばれている紅藻を採集した。サンプルについて形態観察と遺伝子解析を実施したところ，他のコナハダ科の属，種とは生殖器官の構造が異なり，遺伝子解析の結果から新属の可能性が示唆された。採集したサンプルの形態的特徴について，ヨゴレコナハダの原記載と比較したところ（Yamada, 1938），生殖器官の構造が原記載の記述と図とは異なっており，ヨゴレコナハダと同種かどうか判断がつかなかった。ヨゴレコナハダは，神奈川県三浦市三崎で記載された種で，千葉県館山，伊豆半島，紀伊半島などで報告が

ある。著者は，佐渡島のサンプルがヨゴレコナハダであるかを確かめるため，タイプ産地とその周辺に生育するヨゴレコナハダとの比較を検討したが，ヨゴレコナハダは，神奈川県三崎では1933年以降，関東地方や伊豆地方周辺では1960年以降採集記録がない。これらの地域は，1923年の関東大震災，1950年代に始まった東京湾の埋め立て事業，1964年の東京オリンピック開催に伴うマリーナ建設など，大規模な環境攪乱を幾度も経験しており，ヨゴレコナハダをはじめとした複数の海藻が，現在生育を確認できていない。タイプ産地での採集が困難と考えられることから，過去に神奈川県三崎で採集された標本からDNAを抽出，次世代シーケンサーで解析し，遺伝子配列を決定することを計画した。

3.2. 標本の選抜

神奈川県三崎で採集されたヨゴレコナハダの標本は，北海道大学大学院理学研究院植物標本庫（SAP）に収蔵されている。SAPには，東京大学標本室（TI）から永久貸与された「遠藤吉三郎コレクション」が収蔵されており，ヨゴレコナハダのタイプ標本は，TIの遠藤吉三郎コレクションから，1903年3月に神奈川県三崎で採集された標本が選抜された。ヨゴレコナハダの標本は1つの台紙に3個体が載っており，その内の1個体がレクトタイプとして選定された（吉田，1998）。この他，SAPにはアイソレクトタイプ（レクトタイプの重複標本）が1点収蔵されている。神奈川県三崎産の標本は，タイプコレクション以外に1927年5月に採集された標本2点と1933年8月2日採集された標本1点がSAPに収蔵されている。欠片を採取する標本には，レクトタイプと1927年5月に採集された標本（図1-a）を選んだ。

3.3. 標本から欠片を採取する

標本からの採取に当たっては，キュレーターの立ち合いの下，1 mm×5 mm程度の枝を1つの標本当たり2，3本採取した（図1-b）。

3.4. DNAの抽出とクオリティチェック

欠片を破砕後，QIAGEN Genomic-tips 20/G（QIAGEN社）を用いて抽出した。PCR法により，rbcL遺伝子の増幅を確認したところ，1927年のサンプルでは165 bpの増幅を確認したが，レクトタイプでは増幅が確認できなかったことから，1927年のサンプルについてのみライブラリ作製と解析を行った。抽出したDNAを

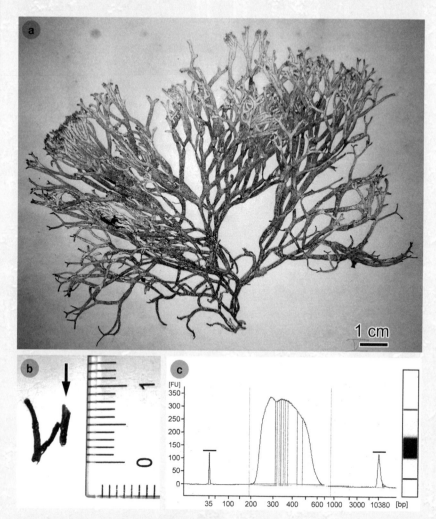

図1 解析に用いた海藻標本とDNAのクオリティチェックの結果。
　　a: 紅藻ヨゴレコナハダの腊葉標本（採集地：神奈川県三浦市三崎；採集日：1927年5月；SAP 88755）。**b**: 採取した欠片。DNA抽出には右の欠片（矢印）を用いた。**c**: ライブラリ作製前のDNA断片長の分布。

蛍光光度計とバイオアナライザー電気泳動システムで定量，クオリティチェックを行ったところ，DNA量は約200 ng，断片長の平均は約370 bpであった（図1-c）。

3.5. 次世代シーケンサーを用いた解析

抽出した DNA サンプルのうち，約 80 ng を NEBNext Ultra DNA Library Prep Kit for Illumina（New England Biolabs 社）を用いてライブラリ作製を行い，Illumina MiSeq で解析した。Paired-end でリード長は 151 bp とした。リードのクオリティをチェックし，クオリティの低いリードとアダプター配列を除去し，最終的に約 891 万リードが得られた。アセンブルした scaffolds は約 15 万（>500 bp），N50 は 670 bp であった。

3.6. 各種遺伝子配列の決定

遺伝子配列は，scaffolds を用いた相同性検索と，マッピングによるコンセンサス配列を構築する方法で決定し，それぞれの方法で決定した配列に差異がないことを確認した。色素体 DNA にコードされる遺伝子のうち，*rbc*L，*psa*A，*psb*A，ミトコンドリア DNA にコードされる *cox1* 遺伝子，核リボソーム DNA の 18S rDNA と 28S（26S）rDNA の配列を決定した。リボソーム DNA は全長の約 89%，他は全長を決定できた。

3.7. 同定と分類学的検討

決定した遺伝子配列を比較したところ，神奈川県三崎産のサンプルと佐渡島産のサンプルはヨゴレコナハダと同種と判断された。そこで，過去の観察結果の正否を確かめるため，ヨゴレコナハダのレクトタイプの欠片の一部を水に戻して生殖器官を観察し，原記載における生殖器官の構造の記述と図は，誤りもしくは当時特徴として認識されていなかった可能性を示した。遺伝子配列の比較に加え，形態的特徴からも，佐渡島産のサンプルがヨゴレコナハダであると判断されたことから，遺伝子解析と形態的特徴に基づき，新属 *Otohimella* を設立し，ヨゴレコナハダをコナハダ属（*Liagora*）から *Otohimella* 属に移し，分類学的問題を解決した（Suzuki *et al.*, 2016）。

3. 次世代シーケンサーを用いた解析の課題

次世代シーケンサーを用いた解析は，タイプ標本について，従来よりも多くの遺伝子配列情報を利用可能にし，分類学的研究のブレイクスルーとなったが，次世代シーケンサーを用いれば必ずしも遺伝子配列を決定できるわけではない。最後

に，次世代シーケンサーを用いた解析の今後の課題について紹介する。

　ヨゴレコナハダの解析では，上述の通り *rbc*L，*psa*A，*psb*A，*cox*1 遺伝子の全長を決定できたが，別の紅藻のホロタイプについて同様の解析を行ったときは，*rbc*L 遺伝子の 303 bp（全長の約 21%）しか決定することができなかった。このとき，DNA 量は 127 ng あり，少ないながらライブラリ作製は可能な量であったが，断片長を調べたところ，ピークがほとんど検出されなかった。DNA の状態がきわめて悪いことが予想されたものの，ホロタイプであり，替えのきかないサンプルであったため，実験，解析に踏み切り，303 bp 決定できただけでも良しとした。

　いずれにしても，DNA の状態次第では，次世代シーケンサーを用いても，配列の一部しか決定できないという事例である。このため，実験の成否はクオリティの高い DNA を抽出できるかどうかにかかっていると考えられるが，DNA の状態は，各種の特性に加え，標本がどのように保存されてきたかによって変わってくる。海藻類の標本の場合，単なる経年劣化だけではなく，標本作製前にサンプルがホルマリンによって固定，保存されていた場合や，標本庫の燻蒸剤に臭化メチルが含まれている場合など，さまざまなケースがあり，状態を予測することは困難で，実際に抽出してみないとわからないことが多い。タイプ標本の場合，簡単にサンプルを入手できるものではなく，小形の種であれば抽出に用いられるサンプル量や回数は限られてくる。このため，現時点では大形種か，複数のアイソタイプ（ホロタイプの重複標本）またはシンタイプ（ホロタイプと同時に指定された複数の標本）が作製，保存されている種に限られているのが現状である。将来的には，標本の非破壊的な DNA 抽出法についても検討が必要だろう（Sugita *et al.*, 2020）。

　次世代シーケンサーを用いた解析には，もう 1 つ問題がある。それは，次世代シーケンサーを使用する際のコストが高いことである。特にシーケンス委託業者に外注する場合は，1 サンプル当たり数十万円を要するため，実施可能なサンプル数が制限され，条件検討などに回す余裕がない場合がある。出力データ量を小さくしてコストを減らしたいが，次世代シーケンサーを用いた解析は，未だ試行錯誤の段階であり，どの程度のデータ量が必要か判断できない状況である。より多くの実験，解析データが蓄積され，実験，解析条件の最適化が成されれば，将来的に次世代シーケンサーを用いたタイプ標本の解析もより一般的になっていくものと期待される。

引用文献

Boo, G. H. & J. R. Hughey. 2019. Phylogenomics and multigene phylogenies decipher two new cryptic marine algae from California, *Gelidium gabrielsonii* and *G. kathyanniae* (Gelidiales, Rhodophyta). *Journal of Phycology* **55**: 160–172.

Boo, G.H. *et al.* 2016. Mitogenomes from type specimens, a genotyping tool for morphologically simple species: ten genomes of agar-producing red algae. *Scientific Reports* **6**: 35337.

Green, R. E. *et al.* 2010. A draft sequence of the Neandertal genome. *Science* **328**: 710–722.

Hanyuda, T. *et al.* 2020. Molecular studies of *Gloiopeltis* (Endocladiaceae, Gigartinales), with recognition of *G. compressus* comb. nov. from Japan. *Phycologia* **59**: 1–5.

Hind, K. R. *et al.* 2014. Misleading morphologies and the importance of sequencing type specimens for resolving coralline taxonomy (Corallinales, Rhodophyta): *Pachyarthron cretaceum* is *Corallina officinalis*. *Journal of Phycology* **50**: 760–764.

Hughey, J. R. *et al.* 2014. Minimally destructive sampling of type specimens of *Pyropia* (Bangiales, Rhodophyta) recovers complete plastid and mitochondrial genomes. *Scientific Reports* **4**: 5113.

Hughey, J. R. *et al.* 2019. Genetic analysis of the Linnaean *Ulva lactuca* (Ulvales, Chlorophyta) holotype and related type specimens reveals name misapplications, unexpected origins, and new synonymies. *Journal of Phycology* **55**: 503–508.

Hughey, J. R. *et al.* 2022. Genetic analysis of the lectotype specimens of European *Ulva rigida* and *Ulva lacinulata* (Ulvaceae, Chlorophyta) reveals the ongoing misapplication of names. *European Journal of Phycology* **57**: 143–153.

Segawa, T. *et al.* 2022. Paleogenomics reveals independent and hybrid origins of two morphologically distinct wolf lineages endemic to Japan. *Current Biology* **32**: 2494–2504.

Sugita, N. *et al.* 2020. Non-destructive DNA extraction from herbarium specimens: a method particularly suitable for plants with small and fragile leaves. *Journal of Plant Research* **133**: 133–141.

Suzuki, M. *et al.* 2016. Next-generation sequencing of an 88-year-old specimen of the poorly known species *Liagora japonica* (Nemaliales, Rhodophyta) supports the recognition of *Otohimella* gen. nov. *PLOS ONE* **11**: e0158944.

Turland, N. J. *et al.* (eds.) . 2018. International Code of Nomenclature for algae, fungi, and plants (Shenzhen Code) adopted by the Nineteenth International Botanical Congress Shenzhen, China, July 2017. Regnum Vegetabile 159. Koeltz Botanical Books.

Yamada, Y. 1938. The species of *Liagora* from Japan. *Scientific Papers of the Institute of Algological Research, Faculty of Science, Hokkaido Imperial University* **2**: 1–34.

吉田忠生. 1998. 新日本海藻誌. 内田老鶴圃.

第4章　　古代DNAで探る
　　　　縄文時代の鯨類の遺伝的多様性

岸田　拓士（日本大学 生物資源科学部・
　　　　　　　ふじのくに地球環境史ミュージアム）

はじめに

　人類が初めて日本列島にたどり着いたとき，この地の生物相はどのようなもので
あったのだろうか。先史時代の日本列島人は，どのような生物多様性のなかで暮
らしていたのか。研究者としてさまざまな動物を研究していく過程で，私はどうして
もこの問いの答えを知りたくなった。日本列島に人類が定住して以来，この地域の
生物相は大きく変化してきた。ナウマンゾウやオオヤマネコ，ニホンオオカミ，ニホ
ンアシカなど多くの動物が姿を消し，代わりにイヌやネコ，アカミミガメ，ウシガエ
ルなどが導入された。現在まで生き延びた在来種に関しても，人類活動にともなう
環境の激変によって，遺伝的多様性が大きく失われたと推測される。だから，今
現在われわれの目に映っている生物相は，この地における本来の生物多様性の姿
からはほど遠い。ある場所における現在の生物多様性の健全性を評価して，保全
の目標を立てるためには，その場所における「本来の多様性の姿」を把握しなけ
ればならない。だが，「本来の日本列島の生物多様性」を自分は知らないことに
気づいた。
　転機は2019年にやってきた。静岡県立博物館「ふじのくに地球環境史ミュー
ジアム」で，環境史分野のテニュア研究員の公募が出たのだ。これはチャンスかも
知れない。「古代DNAで先史時代の日本列島の生物多様性を解明します」という
旨の応募書類を作成して応募したところ，首尾よく採用された。実は，古い骨から
DNAを抽出した経験なんぞこれまでなかったのは，ナイショだ。

1. 古代DNA研究の歴史

　古代DNAという研究分野は，カリフォルニア大学バークレー校のアラン・ウィル

ソン教授の研究室によるシマウマのなかまクアッガの研究から始まった。クアッガは1883年に最後の個体が死亡して地球上から絶滅した哺乳類であり，西ドイツ（当時）マインツの自然史博物館に収蔵されていた約140年前のクアッガの乾燥肉片と塩皮<ruby>塩皮<rt>えんぴ</rt></ruby>（表皮を塩漬けにして保存したもの）からDNAの抽出とミトコンドリアCOI配列の一部分の解読に成功したことを，ウィルソンらは1984年に報告した（Higuchi *et al.*, 1984）。わずか140年前の標本ではあるが，現在地球上に存在しない生物のDNAを人類が初めて手に入れた瞬間である。

　だが，その後この分野が順調に発展していったわけではない。クアッガのDNA配列が報告された同じ1984年に，エジプト末期王朝時代，およそ2400年前の子供のミイラからDNA分子が抽出できたことが，当時ウプサラ大学の大学院生だったスバンテ・ペーボによって，抽出DNAの電気泳動像をともなって報告された（Pääbo, 1984）。翌1985年には，抽出したミイラのDNA分子から3400塩基対の塩基配列の解読に成功したことも報告されている（Pääbo, 1985）。しかし，加水分解などの化学変化によって，死後長期間を経るうちにDNA分子は短く断片化される。3400塩基対もの長さのDNAが古い遺存体（考古遺跡などから出土した生物由来の遺物を指す考古学用語）に残されることは考えにくい。このときに解読されたDNA分子は，実際には現代人に由来するものであることが後日判明した（Pääbo, 2014）。加えて，古代DNAの発見とほぼ同時期に微量のDNA分子を増幅させるポリメラーゼ連鎖反応（PCR）法が発明された（Saiki *et al.*, 1985）ことが，混乱に拍車をかけた。古代DNAは，たとえ残されていたとしても遺存体にごく微量にしか含まれないため，DNA分子を簡単に増幅できるPCR法が古代DNAの増幅に応用されることとなったのは，自然な流れである。だが，PCR法はあまりに強力な増幅法であるため，サンプルに触れたり，サンプルの前で喋ったりした程度でも，サンプルのDNAではなくサンプルを扱った現代人のDNAが増幅されてしまうこともある。それに，増幅後のチューブの蓋を開けるだけで増幅されたDNA分子の一部が実験室中に拡散するので，それがまた次回のDNA抽出の際のサンプル外DNA誤混入（コンタミネーション）の原因となる。なお，こうしたコンタミネーションは，現在生きている生物のDNA分子を用いた実験でも起こりうるが，古代DNAを用いた実験におけるリスクははるかに高い。古代DNAは，そもそも量が少ないうえに，酸化や加水分解など死後長期間にわたる化学変化を蓄積した，いわば「かつてDNAであった分子」である（Willerslev & Cooper, 2005）。PCR法によるDNA分子の増幅はDNAポリメラーゼなど生物の酵素反応を応用したものだが，これら生物由来の酵

素は，当然のことながら，化学的な劣化が進行していない"新鮮な"DNA分子と効率的に反応するように，進化の結果としてデザインされている．つまり，古代DNAの増幅に際しては，"新鮮な"現代のDNA分子がわずかでも混入すれば，DNAポリメラーゼなどの酵素はそれら劣化のないDNA分子と優先的に反応してしまうのだ．しかし，PCR法に潜むこのようなコンタミネーションのリスクが当時はまだきちんと評価されておらず，古代DNAを抽出・増幅するうえで厳密な研究環境を整えずに安直にPCRを行ったため，多くの間違った研究結果が発表されることとなった．例えば，1700〜2000万年前のモクレン類の葉緑体DNA（Golenberg et al., 1990）や，琥珀に閉じ込められた1億年以上前の昆虫（Cano et al., 1993），果ては白亜紀の恐竜（Woodward et al., 1994），などなど．これらの研究成果はいずれも，その後の追試で結果が再現されなかったり，得られた配列がヒトのものであることが明らかになったり（Hedges & Schweitzer, 1995）して，残念ながら現在では否定されている．古代DNA研究が興るきっかけとなった1984年のクアッガのDNAの論文が正しい結果を得ていたのは，今から思えば奇跡だった．

2. 実験室を立ち上げる

　古代DNA分野は，こうした多くの失敗の上に築かれた．現在では，得られたDNA配列が古代のものであることを担保するために，多くの厳しい基準が設けられている（Fulton & Shapiro, 2019）．古代DNA研究は「やるなら徹底せよ．それが無理なら手を出すな」（Cooper & Poinar, 2000）という世界であり，他の研究の片手間に気軽に手を出せる研究分野ではない．特に重要なのが，古代DNA抽出専用実験室の設置である．厳格な基準をクリアしたクリーンルームで得られた配列でなければ，現在の水準ではきちんとしたデータだとは認められない．ちなみに，これらの厳しい基準を全てクリアしたうえでの執筆現時点で最古のDNAは，グリーンランド北部のおよそ200万年前の古土壌から得られた古代環境DNAである（Kjær et al., 2022）．

　2020年に赴任した「ふじのくに地球環境史ミュージアム」は2016年に開館したばかりの新しい博物館であり，当時の館長の先見の明もあって，最先端のクリーンルームがバックヤードの実験区画に1室設けられていた．完全気密で陽圧をかけることができ，前室やエアシャワーも完備しているなど，まさに古代DNA研究のために設計された実験室である．しかも幸いなことに，私以外のスタッフは誰もその部屋を必要としていない．赴任早々，その部屋を有難く使わせてもらうことにした．

図1 静岡県立博物館「ふじのくに地球環境史ミュージアム」のバックヤードに設置した古代 DNA 抽出専用クリーンルーム

a: 前室。ここで使い捨てのタイベック防護服などに着替える。また，この部屋にクリーンルームで使用する消耗品類をストックする。**b**: 実験室本室：骨を削るためとDNA 抽出を行うための計 2 台のクリーンベンチ，および乾熱滅菌器や冷凍庫，遠心機，試薬棚など DNA 抽出に必要な必要最小限の実験機器類を設置している。どちらの部屋も，不在中は常に UV 灯を点灯させることで，残留 DNA を可能な限り破壊している。

まずは次亜塩素酸ナトリウム溶液（いわゆる漂白剤）で室内の床面・壁面・ベンチ類を徹底的に拭き，UV 灯を導入して不在中は常に点灯させることで，室内に残留しているであろう DNA を徹底的に破壊する。次に，2 台のクリーンベンチを導入した。1 台のベンチは歯科用のドリルを設置した骨の破砕作業専用，もう 1 台はマイクロピペットなどを設置した分子生物学的作業専用である（図1）。この部屋では，骨などから DNA を抽出して，PCR 反応液の調整までを行う。その後は，チューブに混合した PCR 反応液をクリーンルームから持ち出して，通常の実験室で PCR 反応やそれ以降の作業を行うことになる。

この実験室の使用ルールも厳格に定めた。まず，中古の機器や開封済の消耗品・試薬は持ち込まない。チューブなどの消耗品や UV 耐性のある試薬類は，室内に設置した UV クロスリンカーで処理をしてから開封する。なお，乾熱滅菌器や UV クロスリンカーなどを用いた除染（de-contamination）プロセスは，通常の分子生物学実験で推奨される時間よりもずっと長い時間をかけて徹底的に行う必要がある（乾熱滅菌器の場合 180°C で 12 時間，など）。なぜなら，こうした除染過程を経てなお現代生物由来の混入 DNA 分子が完全に分解されず残されてしまった場合，

この作業のために加水分解など劣化が進んで，化学的にも古代の DNA 分子と見分けがつかなくなるので，中途半端な除染作業はいっそやらない方がましだからである．物の持ち込みも，必要最小限にとどめる必要がある．実験ノートなどの紙媒体も，一度クリーンルームから持ち出したら 2 度と同じノートは持ち込まない．つまり，通常はノートを使い切るまではクリーンルームから持ち出さない．しかしこれでは，実験ノートを参照したい場合に不便なので，クリーンルームを使用するたびに，その日にとったノートをデジカメで撮影して，クリーンルームに設置した PC を介して自分宛に電送することにした．また，その日の作業内容なども，書籍などの紙媒体ではなく PDF ファイルなどの形にしてクリーンルームの PC に電送する．クリーンルームでは，PC の画面に映し出されたプロトコルを見ながら作業すればよい．また，グローブは必ず 2 重に着用する．こうすれば，上に着けているグローブが汚れた際に新しいグローブと交換しても，実験室内で素手をさらさずにすむ．そして重要なのは「一方通行ルール」(Fulton & Shapiro, 2019) である．クリーンルーム退室後に PCR 実験室など他の実験室に入室することは可能だが，その逆は許されない．一歩でもクリーンルーム以外の分子生物学実験室に足を踏み入れたら，その日はクリーンルームへは入室できない．

3. 称名寺貝塚

　先史時代の日本の生物多様性のなかでも，私は特にクジラなど海の大型動物（メガファウナ）の多様性に興味があった．まず，先史時代の陸棲メガファウナに関しては，古代 DNA を含めて多くの研究が国内外ですでに報告されているが，海棲メガファウナの研究例は世界的に見ても少ない．例えば，現生人類の登場以降，マンモスやオオツノジカなど多くの陸棲メガファウナが姿を消したことが知られているが，海棲メガファウナに関しては，人類の登場以降では 18 世紀のステラーカイギュウよりも古い絶滅例は知られていない．それに，日本列島の生物多様性の変容を考えるうえで明治時代以降の近代化の影響は欠くことができないが，この近代化のそもそものきっかけとなったペリー艦隊の来航目的の 1 つが捕鯨船の補給基地確保であったように，日本列島の生物多様性の変遷を考えるうえで，近代捕鯨の影響は避けて通れない．加えて，これまでも（現在の）鯨類の DNA の研究ならばさんざんやってきた（岸田, 2016）ので，古代 DNA 分野の新参者としては，せめて研究対象は他の古代 DNA 研究者よりも詳しいものにしたいという下心もあった．近代以前の日本沿岸の鯨類の多様性はどのようなものだったのだろうか．海棲動

84   3. 称名寺貝塚

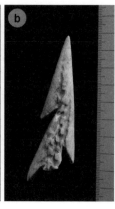

図2 称名寺貝塚から出土した縄文後期の鹿角製漁具

「有孔型銛頭（**a**）」および「単純型ヤス（**b**）」。銛は獲物を狙って投擲する漁具で，獲物に突き刺さると先端部が柄からはずれ，先端部を固定している縄をたぐり寄せて獲物を回収する。ヤスは柄と先端部とが固定された漁具であり，獲物に止めを刺すのに使われた。横浜市ふるさと歴史財団埋蔵文化財センター蔵。

物は陸棲動物よりも骨などの形でまとまっては残りにくいため，過去の多様性を形態の多型に基づいて推定するのは難しく，遺伝学的手法が必須である。DNAが残されている先史時代の鯨類の骨が手に入るのかどうかが，問題だ。

　東京湾の西岸，京浜急行電鉄金沢文庫駅の東に，称名寺という古刹がある。金沢文庫で有名なこの寺の境内周辺には，およそ4000年前の縄文後期を中心とした縄文時代の大規模な貝塚が広がっている。現在は標高10m程度の小高い位置にある称名寺境内だが，縄文海進によって現在よりも海水面が高かった当時は，海のすぐ近くに面していた。この称名寺貝塚からは，土器などに加えて，海獣類を捕獲するための銛やヤスなどの骨角器（図2）が多く出土している。そして，大量のイルカ類の骨も。ここは，先史時代の日本における重要な捕鯨拠点の1つであった。しかも，称名寺貝塚では，ときとして驚くほど状態の良い骨が得られる。火山灰などの影響で，日本の土壌は酸性を示すものが多く，酸性土壌中では骨が脱灰されるため，一般的には日本ではしっかりした状態の古い動物の骨は残りにくい。酸性環境下ではDNA分子の分解も促進されるため，脱灰が進んだ骨にDNAが残されることはまずない。ただし貝塚は例外であり，貝殻に含まれる炭酸カルシウムの影響で弱アルカリ性を示す傾向にある。加えて，称名寺貝塚は縄文海進の最大期に当時の砂洲に築かれたために一度も海没しておらず，この点からもDNAの残留が期待される。この貝塚から出土した縄文時代の鯨類の骨には，果たしてDNAは残されているのだろうか。

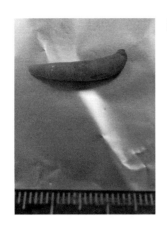

図3 称名寺貝塚から出土した"マイルカ類"の遊離歯
筆者が古代DNA抽出に挑戦した最初のサンプルである。

4. 縄文時代の DNA

　骨から DNA を抽出するためには，どうしても骨の一部を破壊する必要がある。一方で遺跡から出土した考古資料は，いうまでもなく貴重だ。しかも，破壊したからといって必ず DNA が抽出できる保証など，ない。関東以南の太平洋沿岸のような高温多湿の地域から出土した縄文時代の骨の場合，もはや DNA は残っていない可能性の方が高いだろう。かなり見込みの薄い状態で遺跡から出土したイルカの骨を破壊させてもらうことになったが，こんな状況でも快く考古資料を提供してくれた横浜市埋蔵文化財センターには感謝しかない。

　古い哺乳類の骨においては，蝸牛管が位置する側頭骨の錐体部か，あるいは歯根のセメント質に DNA が残されやすいことが知られている (Gamba et al., 2014, ただし，ヒトの骨に関するデータであり，他の動物でも同じなのかどうかは，厳密にはわかっていない)。さすがに側頭骨は貴重すぎて「削らせてほしい」と言うのも憚られたが，歯に関しては，特にイルカの場合は同型歯性（すべての歯が基本的に同じ形をしていること）を示すうえに歯の本数が多いので，貴重さという点では他の哺乳類の歯よりもやや劣る。顎骨から抜けて散乱した状態の歯も多く出土しており，これらを使わせてもらうことになった。ただし，散乱した遊離歯なので，同じ場所から出土した同じ形の2本の歯が，異なる個体由来なのかどうかはわからない。このため，同じ形の歯に関しては，1つの遺構の1つの層位からは1本だけを分析することにした。

　入念に立ち上げた古代 DNA 専用クリーンルームで初めて DNA 抽出を行うことになったのは，2017年に称名寺 D 貝塚第3地点で行われた発掘調査 (斎藤建設 (編),

図4 "マイルカ類"の遊離歯の歯根と歯冠をダイヤモンドカッターで切り離したのちに，DNA抽出のために歯根を乳鉢ですり潰しているところ

2019）で得られた，形態から"マイルカ類"と推定された小型鯨類の遊離歯（図3）である。歯を次亜塩素酸ナトリウム溶液で念入りに洗ってから表面を歯科ドリルで薄く削ったのちに，まずは歯科ドリルの先端に取り付けたダイヤモンドカッターで歯冠部と歯根部とを切断して，歯根部を乳鉢ですり潰す（図4）。すり潰した歯根から，中性で脱灰作用のある EDTA を主成分とする DNA 溶出液を用いて DNA を溶出させるのだが，まずは DNA 溶出液を加えて 20〜30 分ほど撹拌したのちに，溶出液を捨てる。古い骨には，標的個体の DNA の他にもバクテリアなどに由来する DNA が著しく混入しているが，標的個体の死後に混入した DNA の方が骨組織との結合が弱くて先に溶出される傾向にあるので，最初に溶出された DNA を捨てることで，標的個体由来の DNA 量の割合を増やすことができるのだ（Damgaard et al., 2015）。溶出液を捨てた後に，再度 DNA 溶出液を加えてひと晩撹拌して DNA を溶出させ，ウイルスの核酸を抽出するキットを用いて，Dabney と Meyer（2019）の方法に従って DNA 抽出を行った。なお，古代試料から DNA を抽出する際には，ネガティブ抽出（標的個体なしで，完全に同じ抽出作業を行うこと）を必ず並行して行わなければならない。残された歯冠部は酸で溶かしてコラーゲンを抽出し，加速器を用いて放射性炭素含有量比による年代測定を行った。

　上記の作業によって"マイルカ類"の DNA が得られたら，最後にマイルカ科鯨類に特異的なプライマーを用いて PCR で DNA の特定領域の増幅を行い，標的個体由来の DNA が確かに得られていることを確認する必要がある。古代 DNA は通常は 100 塩基対以下の長さに断片化されているので，プライマーを含めた増幅長が高々 100 塩基対程度になるように設計しなければならない。プライマーの長さは 1

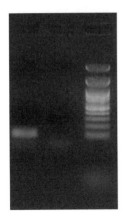

図5 "マイルカ類"の歯根から抽出したDNAをもとに，PCRでミトコンドリアD-loop領域の一部の増幅を行った結果の電気泳動

左レーン："マイルカ類"の歯から抽出したDNAのPCR増幅物，中央レーン：ネガティブ抽出産物のPCR増幅物，右レーン：DNAラダー（最小目盛は100 bp）。

PCR 産物1　TAACAATTTTATTTCCATTGTATC**T**TATGGT
PCR 産物2　TAACAATTTTATTT**TT**ATTGTATCCTATGGT
PCR 産物3　TAACAATTTTATTTCCATTGTATCCTAT**A**GT

推定配列　　TAACAATTTTATTTCCATTGTATCCTATGGT

図6 "マイルカ類"のミトコンドリアD-loop領域の一部の塩基配列解読結果

PCRを3回独立に行い，それぞれ塩基配列解読を行った。古代DNA特有のエラーと思われる個所を太字で示した。また，これら3本の塩基配列をもとに推定された実際の塩基配列を下段に示した。

本当たり20～25塩基対なので，実際に解析できる領域の長さはせいぜい60塩基対程度となる。この制約のなかで，種間差や個体差などできるだけ多くの情報を含む解析領域を増幅でき，かつ汎用性のあるプライマーの設計が，腕の見せどころの1つであろう。今回は，ミトコンドリアD-loop領域のうち，プライマーを含めて108塩基対の配列が増幅でき，かつマイルカ科であればほぼすべての種に使えるプライマー対を設計してPCRを行った。この結果のアガロースゲル電気泳動像（図5）を初めて確認したときのことは，おそらく生涯忘れないだろう。私が立ち上げた古代DNA研究室において，ついに先史時代の動物のDNAがよみがえったのだ。

5. 先史時代の東京湾のイルカたち

PCRで増幅された"マイルカ類"のミトコンドリアの一部分の塩基配列をサンガーシーケンサーで解読したところ，この歯の持ち主はカマイルカ *Lagenorhynchus*

表1　DNA 抽出を行った鯨類個体の一覧（Kishida et al., 2024 より改変）

No.	形態からの種判別	DNA抽出部位	DNA による種判別		放射性炭素年代[BP]*
1	マイルカ類	遊離歯	カマイルカ	*Lagenorhynchus obliquidens*	4630
2	ハンドウイルカ	遊離歯	DNA 抽出できず		4470
3	マイルカ類	遊離歯	カマイルカ	*Lagenorhynchus obliquidens*	4730
4	ハンドウイルカ	遊離歯	ミナミハンドウイルカ	*Tursiops aduncus*	4615
5	ハンドウイルカ	遊離歯	ハンドウイルカ	*Tursiops truncatus*	4485
6	ハンドウイルカ	遊離歯	ハンドウイルカ	*Tursiops truncatus*	4245
7	マイルカ類	遊離歯	カマイルカ	*Lagenorhynchus obliquidens*	4497
8	マイルカ類	遊離歯	カマイルカ	*Lagenorhynchus obliquidens*	4525
9	ゴンドウクジラ	遊離歯	DNA 抽出できず		コラーゲン抽出できず
10	ゴンドウクジラ	遊離歯	オキゴンドウ	*Pseudorca crassidens*	4528
11	ハンドウイルカ	遊離歯	ミナミハンドウイルカ	*Tursiops aduncus*	3707
12	マイルカ類	遊離歯	カマイルカ	*Lagenorhynchus obliquidens*	4492
13	ハンドウイルカ	左下顎骨	カマイルカ	*Lagenorhynchus obliquidens*	4807

*暦年較正は行っていない

obliquidens であることが解明された。しかも，現在の浦賀水道の個体群が持つハプロタイプのうちの1つと同じ配列である。このカマイルカは，歯冠コラーゲンの放射性炭素年代測定によると約4600年前の個体であった（**表1**のNo.1）。

　古代 DNA の特徴の1つに，死後の化学反応による分子の変化が挙げられる。上述した断片化もその1つだが，もう1つやっかいな変化がある――死後の化学反応によって，塩基が変化してしまうことがあるのだ。特に，シトシン（C）からウラシル（U）への変化が起きやすいことが知られている（Fulton & Shapiro, 2019）。ウラシルはシーケンサーではチミン（T）として解読されるため，シトシンからチミンへの変化，加えてその逆鎖であるグアニン（G）からアデニン（A）への変化が顕著に見られることが予測される。このため，PCRによって古代 DNA を増幅する場合は，必ず複数回独立に増幅を行って，慎重に配列を決定する必要がある（**図6**）。なお，

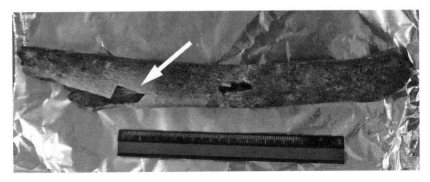

図7 形態からは"ハンドウイルカ"とされていた左下顎骨
矢印で示した箇所を切り取ってDNA抽出を行った。塩基配列を解読したところ、カマイルカであることが判明した。

こうした塩基置換が見られることは、得られた配列が確かに古代のものであることを担保するための重要な証拠の1つ（Renaud et al., 2019）でもある。

このカマイルカ個体を含めて、称名寺貝塚から出土した13個体の小型鯨類のDNA抽出を試みた。その結果をまとめたものを**表1**に示す。カマイルカは合計6個体のDNAの抽出に成功し、それらのミトコンドリアD-loop配列は5つのハプロタイプに分類された（Kishida et al., 2024）。現在の浦賀水道からはわずか2つのハプロタイプしか報告されておらず（Hayano et al., 2004）、当時の東京湾におけるカマイルカの遺伝的多様性は現在よりもはるかに高かったことがうかがえる。また、形態から"ハンドウイルカ"とされていた個体の半数はミナミハンドウイルカ *Tursiops aduncus* であった。ミナミハンドウイルカはハンドウイルカ *T. truncatus* よりも沿岸に定住する傾向が強いため、当時の縄文人にとって格好の獲物の1つだったのだろう。古代DNAによって種がきちんと判別されたことで、当時の人たちがどのようにイルカを捕獲していたのかという考古学的な疑問に関して新たな示唆が得られるのは、生物学と考古学という二つの学問分野にまたがる古代DNA研究の醍醐味である。称名寺貝塚のミナミハンドウイルカと同じハプロタイプを持った個体が、現在も伊豆諸島の御蔵島沿岸に多く生息している。称名寺貝塚から出土したミナミハンドウイルカは、現在御蔵島に生息している個体群の母系の直接の祖先なのかも知れない。

驚くべきは、称名寺貝塚から出土した鯨類の骨からのDNA抽出の成功率である。挑戦した13個体のうち、DNAが抽出できなかったのはわずか2個体にすぎない（**表1**）。しかも、遊離歯だけでなく、DNAの保存状態に関して歯根のセメント質より

劣るであろう下顎骨（図7）からもDNAを得ることができた。縄文時代後期くらいであれば，日本列島のような高温多湿な地域からでも案外DNAは残るもの——この結果が得られたときには，そう考えた。しかし，その後，よりDNAの保存に適した気候の北海道を含めて日本各地の縄文遺跡から得られた海棲哺乳類の骨に挑戦してみたが，DNAを得ることがまったくできない遺跡も多い。もしこれら他の遺跡の骨からのDNA抽出に最初に挑戦していたならば，今頃は古代DNA研究には匙を投げていたかも知れない。理由はまだわかっていないが，DNAの保存という点に関して，称名寺貝塚は特別な存在なのだ。この分野に足を踏み入れて最初に出合ったのが称名寺貝塚だったのは，幸運だった。

6. 文化財保管と古代DNA，そしてその応用

　だが一方で，同じ称名寺貝塚から出土した骨であっても，得られるDNA量はサンプルごとに大きくばらつくこともわかってきた。そして，そのばらつきには傾向がある。最近になって出土したサンプルほど，多くのDNAが得られるのだ。2017年の発掘調査で得られた試料には，それ以前の発掘調査による試料よりも多くのDNAが残される傾向にあった。発掘後の保管時にDNAは徐々に失われる——これが，上記の現象に対する合理的な解釈であろう。実際，出土する前の地中は温度が安定した環境であり，DNAを分解する紫外線もない。一方で出土した後は埋蔵文化財センターの保管室で保管されるが，空調もなく，保管場所によっては容赦なく陽射しが降り注ぐ。降雨時の湿度など，地中環境の方にも不安要素はあるが，総合的に見て，保管室よりも地中の方がDNAの保存に適しているのではないだろうか。全国津々浦々にある埋蔵文化財管理施設の多くは予算難の状況にあり，保管室に空調を入れるなどといった案が現実的でないのは重々承知している。しかし，現状では，せっかくDNAが残留した資料が出土したとしても，その後の保管時に失われてしまったケースも相当あるのではないかと思われる。考古資料に残されたDNAを解読することで得られる情報は多い。DNAの保存を考慮に入れた埋蔵文化財の保管方法の開発と普及は，喫緊の課題である。

　1984年に古代DNAという研究分野が登場してから，40年近い歳月が流れた。現在では，骨などの遺存体だけでなく，古土壌に残されたDNAから当時の動植物相を網羅的に解明するような研究も活発に行われている（例えば，Wang *et al.*, 2021）。古代DNAの研究技術とは，端的にいえば，化学的に劣化したごく微量の

DNA分子の分析技術の集大成であり，環境DNAなど古代DNAから派生した研究分野も多い。加えて，今まさに古代DNAで培われた研究技術が積極的に導入されている分野がある。法医学である (Zavala et al., 2022)。例えば，古代DNA技術を応用した法医学用プロトコルによる超並列シーケンスデータが，2019年にオランダの法廷で初めて証拠採用された (Tabak, 2019; Zavala et al., 2022)。

本稿では，現在の古代DNA研究がどれだけ厳格な基準の上に成り立っているのかを述べてきた。他の実験室から物理的に厳密に隔離されたクリーンルームなど，そもそも持つことができない研究室も多いだろう。この分野への新規参入のハードルは，低くはない。しかし，特に法医学分野への応用を見据えたときに，これらのハードルは絶対に必要なのだ。白亜紀の恐竜のDNA塩基配列の解読に成功したつもりが実際にはヒトのDNAだったエピソードなどは，新興研究分野の黎明期に起きた笑い話の1つに過ぎないかもしれない。だが，日本で初めてDNA鑑定が法廷で証拠採用された事件が冤罪を生んだ（宇都宮地判平22.3.26; 清水, 2013）事実は，微量DNAの分析に携わる全員が肝に銘じるべきだろう。

古代DNA研究に参入するための研究環境の整備は大変だが，だからこそ，そこには広大なフロンティアが待ち受けている。例えば動物遺体のような埋蔵文化財の網羅的な収集・保管に関して，日本は世界でも有数の規模で徹底的に行われており，膨大な量のサンプルが博物館や埋蔵文化財センターなど全国各地の公的施設に収蔵されているが，それらのほとんどは，DNA抽出などまったく試みられていない。動物遺存体以外にも，歴史時代の古文書（コウゾやミツマタなど）や衣料（カイコガや綿）など，DNAが残されている可能性のある考古資料は多い。動物の骨を加工して作られた江戸時代の根付からも，DNAが抽出できることが確認されている（岸田ら，未発表）。先史時代や，それに続く歴史時代の生物のDNAは何を物語るのだろうか。「本来の日本列島の生物多様性」はどのようなものであったのか。本稿を通して，こうした謎を一緒に解き明かす仲間あるいはライバルが増えてくれることを，心から願っている。

謝辞

本研究は，横浜市ふるさと歴史財団の浪形早季子氏と同財団埋蔵文化財センターの皆様，かながわ考古学財団の新山保和氏，神奈川県立生命の星・地球博

物館の大西亘氏，名古屋大学宇宙地球環境研究所の北川浩之博士，そしてふ
じのくに地球環境史ミュージアムの皆様に多大なご協力をいただいた。ここに御礼
申し上げる。本研究は，日本学術振興会の科研費（基盤研究B：22H02693），
京都大学野生動物研究センター共同利用共同研究，名古屋大学宇宙地球環境
研究所共同利用共同研究，および静岡県から研究資金の提供を受けた。

引用文献

Cano, R. J. *et al.* 1993. Amplification and sequencing of DNA from a 120–135-million-year-old weevil. *Nature* **363**: 536–538.

Cooper, A. & H. N. Poinar. 2000. Ancient DNA: Do it right or not at all. *Science* **289**: 1139.

Dabney, J. & M. Meyer. 2019. Extraction of highly degraded DNA from ancient bones and teeth. *In*: Shapiro, B. *et al.* (eds.), Ancient DNA: Methods and Protocols, p. 25–29. Springer New York.

Damgaard, P. B. *et al.* 2015. Improving access to endogenous DNA in ancient bones and teeth. *Scientific Reports* **5**: 11184.

Fulton, T. L. & B. Shapiro. 2019. Setting up an ancient DNA laboratory. *In*: Shapiro, B. *et al.* (eds.), Ancient DNA: Methods and Protocols, p. 1–13. Springer New York.

Gamba, C. *et al.* 2014. Genome flux and stasis in a five millennium transect of European prehistory. *Nature Communications* **5**: 5257.

Golenberg, E. M. *et al.* 1990. Chloroplast DNA sequence from a Miocene *Magnolia* species. *Nature* **344**: 656–658.

Hayano, A. *et al.* 2004. Population differentiation in the Pacific white-sided dolphin *Lagenorhynchus obliquidens* inferred from mitochondrial DNA and microsatellite analyses. *Zoological Science* **21**: 989–999.

Hedges, S. & M. Schweitzer. 1995. Detecting dinosaur DNA. *Science* **268**: 1191–1192.

Higuchi, R. *et al.* 1984. DNA sequences from the quagga, an extinct member of the horse family. *Nature* **312**: 282–284.

岸田拓士. 2016. クジラの鼻から進化を覗く. 慶応義塾大学出版会.

Kishida, T. *et al.* 2024. Dolphins from a prehistoric midden imply long-term philopatry of delphinids around Tokyo Bay. *Biological Journal of the Linnean Society*, blad159.

Kjær, K. H. *et al.* 2022. A 2-million-year-old ecosystem in Greenland uncovered by environmental DNA. *Nature* **612**: 283–291.

Pääbo, S., 1984. Über den Nachweis von DNA in altägyptischen Mumien. *Das Altertum* **30**: 213–218.

Pääbo, S. 1985. Molecular cloning of Ancient Egyptian mummy DNA. *Nature* **314**: 644–645.

Pääbo, S. 2014. Neanderthal man: in search of lost genomes. Basic Books.［邦訳：スヴァン

テ・ペーボ (著), 野中香方子 (訳). 2015. ネアンデルタール人は私たちと交配した. 文藝春秋.]

Renaud, G. *et al.* 2019. Authentication and assessment of contamination in ancient DNA. *In*: Shapiro, B. *et al.* (eds.), Ancient DNA: Methods and Protocols, p. 163–194. Springer New York.

Saiki, R. *et al.* 1985. Enzymatic amplification of beta-globin genomic sequences and restriction site analysis for diagnosis of sickle cell anemia. *Science* **230**: 1350–1354.

斎藤建設 (編). 2019. 称名寺 D 貝塚第 3 地点発掘調査報告書.

清水潔. 2013. 殺人犯はそこにいる. 新潮社.

Tabak, J. 2019. First criminal convition secured with next-gen forensic DNA technology. https://verogen.com/first-criminal-conviction-with-next-gen-forensic-dna/ (アクセス日：2023 年 1 月 30 日)

Wang, Y. *et al.* 2021. Late Quaternary dynamics of Arctic biota from ancient environmental genomics. *Nature* **600**: 86–92.

Willerslev, E. & A. Cooper. 2005. Ancient DNA. *Proceeding of the Royal Society B* **272**: 3–16.

Woodward, S. R. *et al.* 1994. DNA sequence from Cretaceous period bone fragments. *Science* **266**: 1229–1232.

Zavala, E. I. *et al.* 2022. Ancient DNA methods improve forensic DNA profiling of Korean War and World War II unknowns. *Genes* **13**: 129.

第5章 博物館に収蔵されている植物標本の DNA バーコーディングへの活用

遠山 弘法 (桜美林大学)

　生物多様性の収集・保管・分類は 16 世紀に始まり，現在もその取り組みは続いている。博物館標本は，過去 200 年にわたる生物種の時空間情報を提供し，生物多様性研究，具体的には，生物種の持つ形態的特徴やその変異，分布，生活史の解明，また地域の自然環境の変遷を把握するための重要な証拠資料として活用されてきた。近年では，その形態や産地の情報源としての価値に加え，遺伝資源としても注目され，標本から DNA を取得するためのさまざまな技術や，その遺伝的多様性を解析する方法の開発が進んでいる。例えば，後世に DNA を残すための標本の保存方法の開発（**第 12 章**参照），非破壊的な DNA 抽出方法の開発（e.g. Sugita *et al.*, 2020; **第 13 章**参照），次世代シーケンサーを利用した解析方法の博物館標本への適用（e.g. Ngoc *et al.*, 2021）が行われている。本章では，まず博物館標本を利用した植物における DNA バーコーディングの最近の情勢について紹介し，次に著者らが東南アジアで行った事例研究について紹介する。

1. DNA バーコーディングとは

　DNA バーコーディングは，特定の遺伝子領域の短い塩基配列を用いて生物種の同定を行う方法である。植物では，比較的保存的な葉緑体領域である *rbcL* とより進化速度の速い *matK* が標準バーコード領域として推奨されており（CBOL Plant Working Group, 2009），2022 年 8 月現在，*rbcL* は 29 万 9914 件，*matK* は 24 万 9453 件の維管束植物の DNA 配列がアメリカ国立生物工学情報センター（NCBI）の公開データベースに登録されている。また，*rbcL*，*matK* に加えてより進化速度の速い葉緑体領域 *trnH-psbA* や核リボソーム DNA の ITS などもバーコード領域として利用されている（Kress *et al.*, 2009; Yao *et al.*, 2010）。DNA バーコーディングでは，野外で採集した植物の DNA 配列をこのデータベース（DNA バーコードライブラリ）に登録された情報と照らし合わせ，類似性を見ることで種同定を行う。

表1 形態による種同定とDNA配列による種同定の一致率，およびシーケンスの成功率

領域	パナマ (Kress et al., 2009)			カンボジア (Toyama et al., 2013)*		インドネシア (Amandita et al., 2019)	
	rbcL	matK	trnH-psbA	rbcL	matK	rbcL	matK
科レベル	100%	100%	100%	100%	100%	100%	100%
属レベル	91%	100%	100%	75.5%	76.2%	51.3%	46.6%
種レベル	75%	99%	95%	14.3%	19.1%	22.4%	30.2%
シーケンス成功率	82.9%	62.8%	87.1%	99.8%	95.8%	94.7%	65.8%

* 種あたりで集計してある Toyama et al. (2013) を，比較のためにサンプル当たりに集計し直した．

　熱帯樹木において形態による種同定とDNA配列による種同定を比較した研究例を3つ紹介する。Kress et al. (2009) は，パナマのバロコロラド島にある50ヘクタールの永久調査区で1035サンプルに対して形態と3領域のDNA配列による種同定の一致率を評価した。バロコロラド島は長年に及ぶ分類学的研究の蓄積やその地域の植物相に詳しい専門家がいるため，DNAバーコーディングの有効性を調べるうえで適した場所である。種の同定方法は，データベースとの参照の結果，最も相同性の高い種が1種であった場合は同定できたとし，相同性が低かった場合や，最も相同性の高い種が複数種存在した場合は同定できなかったとした。また，解析に利用したサンプルのうち，DNA配列を決定できたサンプルの割合をシーケンス成功率とした。3領域のうち，*rbcL*は低い種同定の一致率（75%）と高いシーケンス成功率（82.9%）を，*matK*は高い種同定の一致率（99%）と低いシーケンス成功率（62.8%）を，*trnH-psbA*は高い種同定の一致率（95%）と高いシーケンス成功率（87.1%）を示した（表1）。このように領域によって傾向は異なるが，組み合わせることで彼らは98%の種について正しく同定できることを示した。

　Toyama et al. (2013) は，カンボジアの50 m×50 m×55個の永久調査区に生育していた樹木，およびその周辺で得られた植物622サンプルに対して，形態とDNA配列による種同定の一致率を評価した。パナマでの結果と比べると*rbcL*，*matK*ともに高いシーケンス成功率（99.8%，95.8%）を示した一方で，低い種同定の一致率（14.3%，19.1%）であった（表1）。高いシーケンスの成功率は，PCR増幅の際に複数のプライマーセットを使い，できる限り配列情報を得られるように取り組んだことによると考えられる。特に*matK*においては，Dunning & Savolainen (2010) を参考にし，異なる目（order）に対し異なるプライマーセットを用いることで高い成功率を得ることができた。低い種同定の一致率は，DNAバーコードライブラリの情報不足が原因であると考えられる。パナマに比べて属や種

レベルの一致率の低さは，そもそも参照するライブラリに登録情報がないことが大きな原因であり，東南アジアの植物多様性に関する研究が遅れていることを裏付けるものであった。

　Amandita et al. (2019) は，インドネシアのスマトラの 50 m × 50 m × 32 個の永久調査区で 2590 サンプルに対して形態と DNA 配列による種同定の一致率を評価した。カンボジアと同様に DNA バーコーディングのみでの種同定は困難で 22.4%（$rbcL$），30.2%（$matK$）という結果だった（表 1）。興味深いことに，属レベルの一致率は $matK$（46.6%）よりも $rbcL$（51.3%）の方が高かった（表 1）。一見すると $rbcL$ の方が高い解像度を持つように見えるが，同研究のなかで，同じ科の異なる属間で DNA 配列が一致することは，$rbcL$ よりも $matK$ の方が小さいことが確認されている。そのため，解像度の違いではなく，ライブラリに $matK$ 配列の登録が少ないことによると考えられる。

　いずれの例も科レベルであれば 100%の一致率を示し，高い信頼度で同定できることが分かった。しかしながら，属レベルでは 46.6〜100%と地域によるばらつきが大きい。パナマの研究では $matK$ は属レベルで 100%の一致率を示しているが，カンボジアやインドネシアの研究では 76.2%，46.6%と低く，属レベルでさえもライブラリに配列データが存在しないことを示している。DNA バーコーディングの実用化には，正確に同定されたサンプルの DNA 配列情報をできるだけ多くデータベースに登録し，DNA バーコードライブラリを充実させる必要がある。

2. DNA バーコーディングにおける博物館標本の利用

　世界の植物標本庫に収蔵されている数千万点にのぼる植物標本を活用することで，DNA バーコードライブラリを充実させることが可能である。シーケンシング技術の進歩にともない①従来の標準 DNA バーコード配列の獲得に加え，②次世代シーケンサーを利用したゲノム配列の獲得と新しいバーコード領域としての適用という 2 つのアプローチで DNA バーコードライブラリの構築が進められている。

　従来の方法（サンガー法）による DNA バーコード情報の登録事例を数例あげる。イギリスではウェールズ国立博物館（NMW）が中心となって，収蔵されている植物標本等から自生するすべての被子植物，毬果植物の 1482 種の DNA 配列情報のデータベースが構築された（Jones et al., 2021）。日本においては，国立科学博物館（TNS），森林総合研究所（TF）がそれぞれ中心となって，収蔵されている標本を利用し，自生するシダ植物の 94%に当たる 689 種（Ebihara et al., 2010），木本植

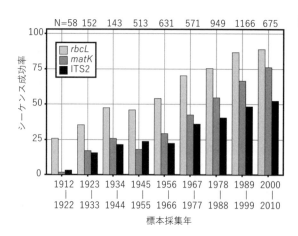

図1 標本採集年とシーケンス成功率の関係
(Jones et al., 2021 Fig. 5 を改変)

物の 72.2% に当たる 834 種（Setsuko et al., 2023）の DNA 配列情報が公開されている。東南アジアにおいて，国毎での報告例は現在のところなさそうだが，多様性研究や新種記載に合わせた DNA バーコード配列の登録は行われており（e.g. Tagane et al., 2015; Toyama et al., 2015），その証拠標本は京都大学総合博物館（KYO），九州大学総合研究博物館（FU）等に収蔵されている。

収蔵されている植物標本からの DNA バーコード情報の獲得は困難なことが多い。採集してからの年数，サンプルの乾燥方法，薬品燻蒸等の保管処理，保管環境，分類群に依存するが，多くは短い DNA 断片（250〜400 塩基）しか得られないため，DNA バーコーディングのためのユニバーサルプライマーでは PCR 増幅できない場合が多い。実際に上記のイギリスの事例では，保存期間の長さとサンガー法によるシーケンス成功率の間には負の相関関係が生じている（Jones et al., 2021; 図1）。このような DNA の劣化により DNA バーコード領域の全長が読めない場合，その一部を DNA バーコード配列とする DNA ミニバーコードが使われる（Little, 2014; Meusnier et al., 2008）。ミニバーコードはサイズが小さいため，完全長よりも高い確率で PCR 増幅されるが，塩基長が短いため分類学的識別力は完全長に比べて劣ってしまうという問題点がある。

次世代シーケンサーは DNA 劣化が見られるサンプル，複数の種から採取されたサンプル，夾雑物を含むサンプルに対して適用でき，さらに一度に複数のシーケンシング反応，優れた感度，所要時間の短縮など多くの利点がある。また，次世代シーケンサーによって得られる DNA 配列には，標準的な DNA バーコードの領域のほか，他の遺伝子やスペーサー領域も含まれているため，種を識別しやすいマーカ

ーを植物分類群ごとに選択することができる。

　Nock et al.（2011）は，種同定のための解像度の問題を克服するために，特定の遺伝子領域の短い塩基配列ではなく，葉緑体ゲノム全体をバーコーディング領域とすることを提唱し，イネ科植物5種の葉緑体全ゲノム配列を決定した。Straub et al.（2012）は，解析費用を安価にするために，浅いシーケンスで多数のサンプルの高コピー断片（葉緑体・リボソーム・ミトコンドリアゲノムの一部）をアセンブルするゲノムスキミングにより，トウワタ属（キョウチクトウ科）14個体のDNAバーコード情報の獲得と系統解析を行っている。Bakker et al.（2016）は，同じ方法を用いて被子植物12科の93点の博物館標本（最大で146年前に採集された標本）から，84点の標本での十分な数のペアエンドリードが生成，74点の標本での葉緑体ゲノムのアセンブリに成功している。そして，近年，Suyama et al.（2022）はさらに安価な方法としてMPM-seqによるDNAバーコード情報の獲得とMIG-seqによる遺伝子型解析を同時に行う方法を提唱しており，種間，雑種間，集団間，さらにはクローンや品種間の遺伝的分化や遺伝子同定を可能にしている。

　現在，従来の方法からの過渡期にあり，さまざまな方法が提案されるなかで，標準化には至っていない。しかし個人的な見解を述べると，葉緑体全ゲノム配列が植物のバーコーディング領域として主流になっていくのではないかと考えている。

　今後，次世代シーケンサーを利用したDNAバーコード情報の獲得はますます増加していくことが期待される。DNAバーコーディングの最大のデータベースであるBarcode of Life Data Systems（Ratnasingham & Hebert, 2007）には，約25万の維管束植物のDNAバーコード配列が登録されており（図2），一部は標本画像とともに配列情報を確認することができる。ただし，データには偏りが大きく，多様性の高さから考えると熱帯樹木の研究は遅れている。現在，The Earth BioGenome Project 2020というプロジェクトが動いており，今後10年間にすべての真核生物のゲノム配列を決定することを目指している（Lewin et al., 2022）。初めの3年で真核生物の各科を代表する1種（約9400種）について基準となるゲノムの配列を決定し，4～7年目に各属を代表する1種（約18万種）について基準となるゲノムの配列を決定し，最後の3年で残りの約165万種の基準となるゲノム配列を決定するという工程で進められる。進捗状況は同プロジェクトのホームページ（https://www.earthbiogenome.org/）で確認することができ，2022年8月現在までに約1800科が終了している。参照されるDNAバーコードライブラリの充実は，今後，バーコーディングによる種同定を容易にしていくだろう。

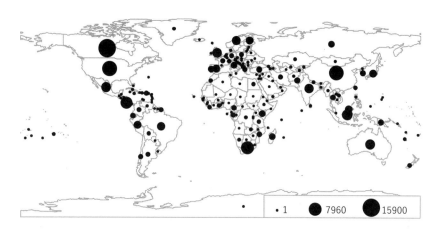

図2 国ごとの維管束植物のDNAバーコード配列登録件数 (BOLD Systems https://www.boldsystems.org/ より；2022年8月3日にアクセス)

3. 東南アジアの植物標本数事情とDNAバーコーディングを用いた種同定

　東南アジア熱帯林は世界的に有数な高い植物多様性を持つ地域である。一方で，植物多様性研究の基礎的資料となる植物標本の蓄積が乏しく，その多様性が正しく評価されていないのが現状である。採集された維管束植物の標本数を国ごとに比較すると，中南米の熱帯林に比べて東南アジア諸国では非常に少ない（図3）。特に，東南アジアのラオス，カンボジア，ミャンマーで標本点数が非常に少なく，100 km^2 当たりでそれぞれ 5，3，1 点となっている（図4）。近年，出版された神奈川県植物誌(2018)が 21588 点 / 100 km^2 の標本から編纂されたことを考えると，その少なさがよくわかる。公開されているデータのみで数えているので過小評価にはなっているが，全体の傾向としては変わらないだろう。著者らは，2010年以降，東南アジア各地の森林で植物多様性アセスメントを実施し，分類学的研究の資料の蓄積，それに基づいた種同定や新種記載，多様性評価を行ってきた。ここでは，カンボジアの調査区を用いた研究，東南アジアにおける新種記載の研究において，DNAバーコーディングを適用した事例を紹介する。

3.1. カンボジアの永久調査区におけるDNAバーコードによる種同定

　東南アジアの樹木の分類学的研究は不十分であり，しばしば永久調査区の種

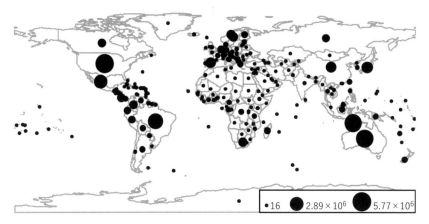

図3 国ごとの維管束植物の標本点数 (GBIF.org より；2022年8月4日にアクセス)

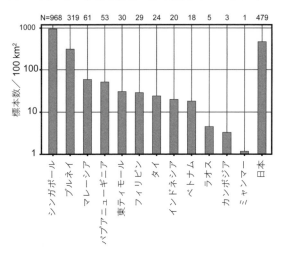

図4 国ごとの100km²当たりの維管束植物の標本点数 (GBIF.org より；2022年8月4日にアクセス) 縦軸は対数軸で，グラフ上部のNは標本数を示す。

同定が間違っていることがある。例えば，**図5**上段の3個体（a，b，c）はカンボジアの永久調査区で採集されたもので，現地名で"Mean Prey"と呼ばれており，*Xerospermum noronhianum*（ムクロジ科）と同定されていた。しかしながら，aとcは複葉でbは単葉である。また，aには頂小葉があるが，cにはないという違いが見られる。

　*rbcL*の相同性解析の結果，aは*Aglaia odoratissima*, *A. korthalsii*, *A. elaeagnoidea*, *Reinwardtiodendron kinabaluense*と100％の一致率であった。*matK*は*Guarea silvatica*, *Heckeldora staudtii*とそれぞれ98.9％, 98.8％

図 5　カンボジアの植物
　a，b，c は現地名で "Mean Prey" と呼ばれていた植物。d，e はそれぞれ現地名で "Chektom" と "Teppirou" と呼ばれていた植物。

の一致率であった。これらの植物はすべてセンダン科に属するので，a はムクロジ科の *X. noronhianum* ではないと判断することができる。インドシナの植物相をまとめた『Flore Générale de l'Indo-Chine』(Gagnepain *et al.*, 1907〜1951) を参照すると，上記の属のなかでカンボジアに分布するのは *Aglaia* 属のみで，7 種が知られている。標本庫に収められているタイプ標本等と形態を比較したところ，*A. elaeagnoidea* であることがわかった。同様に，相同性解析の結果を参考にしながら形態的種同定を進めたところ，b，c はそれぞれ *Cleistanthus sumatranus*（コミカンソウ科），*X. noronhianum* であることがわかった。

　このように，3 つの異なる科に属する 3 種が同じ現地名で呼ばれ，多様性は過小評価されていた。現地で使われている "Mean Prey" は，"ハーブ等として利用(Mean)" と "野生 (Prey)" を意味し，果実等が利用できる野生種であることを表していると考えられる。実際，*A. elaeagnoidea* や *X. noronhianum* の果実は食用として利用されている（Adema *et al.*, 1994; Mabberley *et al.*, 1995）。

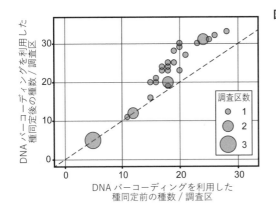

図6 DNAバーコーディングを利用した種同定前後の種数の変化
点線は等値線。

　一方で，過大評価されている状況も見られた。図5下段の2個体は，d "Chektom" と e "Teppirou" と現地名で呼ばれており，それぞれクスノキ科の *Cinnamomum litseifolium*，*C. cambodianum* と同定されていた。しかしながら，"Chektom" と "Teppirou" 間では標本を比較しても形態に違いが見いだせず，*rbcL*，*matK* の配列もともに一致していた。

　相同性解析の結果，*rbcL* は *C. camphora*，*C. chekiangense*，*C. wilsonii* と100％の一致率で，*matK* は *C. triplinerve*，*C. bejolghota* に加え，同科別属の *Lindera benzoin*，*L. umbellata*，*Ocotea cernua*，*Sassafras albidum* と100％の一致率であった。『Flore Générale de l'Indo-Chine』を参照すると，上記の属のなかでカンボジアには *Cinnamomum* 属の記録があり，3種が知られている。引用されている標本と比較すると，"Chektom" と "Teppirou" は，形態的に *C. litseifolium* と一致した。しかしながら，『Flore Générale de l'Indo-Chine』で引用されている *C. litseifolium* は，Thwaites（1861）が記載した *C. litseifolium* とは異なっており，Kostermans（1988）によって *C. polyadelphum* と訂正されている。そのため，カンボジアで採集した "Chektom" と "Teppirou" は *C. polyadelphum* となる。

　DNAバーコーディングを利用した種同定前後を比較すると，ほとんどの永久調査区の多様性が過小評価されており，全体としては79種だったものが114種に増加した（図6）。この研究以前の種同定は，現地名と学名の対応表から行われており，この1対1の翻訳方法が，しばしば重大な誤同定をもたらしていた。

　第一に，現地では異なる種が区別されていないことが多かった。例えば，形態

的に類似する *Syzygium* 属（フトモモ科）の多くの種は "Pring" と呼ばれている。同様に，クスノキ科の *Dehaasia cuneata* と *Phoebe lanceolata* は両種ともに "Atith" と呼ばれ，区別されていなかった。第二に，現地の人による誤同定も見受けられた。例えば，現地名で "Svay Svak" と呼ばれているモクセイ科の *Chionanthus microstigma* は，前述の "Atith" と誤同定された。第三に，現地では樹の大きさやその他の特徴によって，同種に対し異なる名前がつけられていた。最たる例は先ほど紹介した *C. polyadelphum* で，小さい個体は "Chektom" と呼ばれ，大きい個体は "Teppirou" と呼ばれていた。第四に，地域や人が異なると同種に対し異なる名称が使われていた。例えば，*C. polyadelphum* は "Chektom" と "Teppirou" だけでなく，他の地域では "Kro Lanh Pok" と呼ばれていた。このようにさまざまな理由により，現地名と学名の対応付けが，分類学的な実態にしばしば混乱を招いていた。

　永久調査区においてこのような混乱を避けるためには，その正体を確認できるような証拠標本を収集し，博物館に保管することが重要だろう。そして，それらの標本に DNA バーコード情報を付加することで，その利用価値は格段に上がることが期待される。今回紹介したカンボジアの永久調査区は，残念ながらゴム園等への農地開発のためにほとんど失われてしまった。現在，博物館に収められている標本は 2 度と採集できないことを考えるとその価値は計り知れない。また，標本の保管だけでなく，現地のキャパシティ・ビルディングも必要である。著者らは，東南アジア各地から得られた試料・標本に基づく多様性研究と並行して，野外で撮影した写真をもとに図鑑の編集・出版を進めている。これまで出版した図鑑は，https://sites.google.com/site/pictureguides/home からダウンロードでき，現地の研究者をはじめ地域住民らが活用している。

3.2. DNA バーコーディングを用いた新種記載

　形態に基づく新種記載には多くの時間が必要とされ，多様性評価のボトルネックとなっている。そして，熱帯林で研究を行う分類学者の減少が，この状況に拍車をかけているのが現状だろう。ここでは，新種記載における DNA バーコーディングの有効性について 3 つの事例研究を紹介する。

3.2.1. ベトナムの *Eustigma* 属（マンサク科）

　ベトナム中部の Hon Ba 山における植物多様性調査で，現地では科も属もわから

図7 Eustigma 属
　a: E. oblongifolium の花（Seemann, 1852～1857 を改変），**b**: E. honbaense の果実と枝葉，
　c: E. honbaense の頂芽と腋芽，**d**: E. honbaense の腋芽（Toyama et al., 2016b を改変）

ない，見慣れない植物を発見した（図 7-b）。DNA バーコーディング領域による相同性解析を行ったところ，rbcL は Eustigma oblongifolium, Fortunearia sinensis, Noahdendron nicholasii の 3 属 3 種と 99.8%の一致率であった。一方，matK は Eustigma balansae, E. oblongifolium, Parrotia subaequalis とそれぞれ 99.3%，99.2%，99.2%の一致率であった。DNA バーコーディングを参考に，文献調査，標本調査を行ったところ Eustigma 属であることがわかった。

　Eustigma 属は小さな花弁と大きく引き伸ばされた雌蕊を特徴として持ち（図 7-a），中国，ラオス，台湾，ベトナムに 3 種しか知られていない小さな属である。詳細な形態比較の結果，これまで知られている Eustigma 属 3 種とは異なることが分かり，属の特徴を示す花のない標本から E. honbaense を記載した（Toyama et al., 2016b）。また，興味深いことに Eustigma 属はこれまで裸芽とされていたが，E. honbaense は裸芽と鱗芽の両方を持っていた。頂芽は 2 つの托葉で不完全に覆われているのみで裸芽に分類され（図 7-c），腋芽は 2 つの低出葉で覆われており鱗芽に分類される（図 7-d）。これらは Eustigma 属の種を分ける重要な形質に

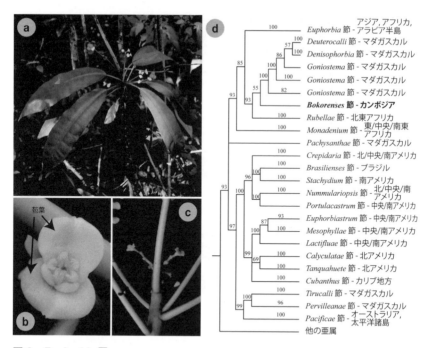

図 8　*Euphorbia* 属

a: *E. bokorensis* の枝葉と花序の集まり，b: *E. bokorensis* の花序。1 つの花のように見えるが，10 個の雄花，1 個の雌花が含まれる，c: *E. bokorensis* の葉柄基部，d: *Euphorbia* 亜属の系統樹（Toyama *et al.*, 2016a を改変）。数字は事後確率×100。

なる可能性があり，今後の研究が期待される。

3.2.2. カンボジアの *Euphorbia* 属（トウダイグサ科）

　Euphorbia 属は，世界で 2150 種以上が知られており，種子植物のなかで最も多様な分類群の 1 つである。*Euphorbia* 亜属は，そのなかで最も多様性が高い亜属で 650 種以上が知られており，インドシナにおいては 6 種の栽培種，4 種の野生種が分布している。インドシナに自生する種はすべて *Euphorbia* 節に分類され，サボテンのような多肉質で，苞葉（cyathophyll）が目立たず，葉の基部に棘があるという特徴がある（Dorsey *et al.*, 2013）。カンボジアの Bokor 国立公園における植物多様性調査で，サボテンのような多肉質ではなく（図 8-a），苞葉が良く目立ち（図 8-b），棘もない（図 8-c）*Euphorbia* 属の植物を発見した。DNA バーコーディング領域による相同性解析を行ったところ，*rbcL* は *Euphorbia* 節に分

類されている *E. abyssinica*, *E. cactus* と 99.8% の一致率であった。一方, *matK* は *Goniostema* 節(マダガスカルに分布)に分類されている *E. ambarivatoensis* と 98.5% の一致率であった。*matK* および *trnK*, *ndhF*, ITS 領域を用いた系統解析の結果, カンボジアで発見した *Euphorbia* はマダガスカルや北東アフリカの種(節)と近縁であることがわかった(図 8-d)。これまで知られている節とは形態的に異なっていたため, 新節 *Bokorenses* および, 新種 *E. bokorensis* の記載を行った(Toyama *et al.*, 2016a)。

　Bokorenses 節と近縁な節間の系統関係を見ると, アフリカ, もしくはマダガスカルから東南アジアへの長距離分散が示唆される。アフリカと東南アジアのクレードの姉妹関係は, 他にも 15 分類群で観察されており, "Out of India 仮説" で説明されている(Datta-Roy & Karanth, 2009)。この仮説は, ゴンドワナ大陸からインドが分かれ, アジアに衝突する際に一緒に生物が移動してきたという仮説で, 植物ではアジアの *Dipterocarpus* 属(フタバガキ科)やクリプテロニア科で知られている。

　しかしながら, 大陸移動は 1 億 6000 万年前から 4000 万年前の間に発生しており(Datta-Roy & Karanth, 2009), *Euphorbia* 属の最古の化石は 3720 万年前から 3390 万年前のものであることから(Behrensmeyer & Turner, 2013), この仮説には当てはまらず, より最近の大洋横断分散の結果である可能性が高い。もしくは *E. bokorensis* は, かつては地理的に広範囲に分布し, 現在ではカンボジア Bokor 国立公園の限られた地域にのみ残された遺存種である可能性がある。近年, ベトナムからもこの種が発見されており(Nuraliev *et al.*, 2022), この仮説と矛盾しない。今後の植物インベントリー, 系統地理学的, 集団遺伝学的研究により, *E. bokorensis* の分布拡大の歴史の理解につながるだろう。

3.2.3. カンボジアの *Machilus* 属(クスノキ科)

　Machilus 属は, 南アジア・東南アジアの熱帯・亜熱帯に約 100 種が知られており, 形態学的な差異が明確でないため同定が困難な場合が多い。『Flore Générale de l'Indo-Chine』を参照すると, カンボジアには 1 種しか記録されていないが, われわれの調査においてさまざまな *Machilus* 属の分類群を発見した(図 9)。*rbcL*, *matK*, ITS 領域を用いた系統解析と形態比較の結果, カンボジアにおいて新たに 6 種を発見し, *M. angustifolia*, *M. bokorensis*, *M. brevipaniculata*, *M. cambodiana*, *M. elephanti*, *M. seimensis* を記載した(Mase *et al.*, 2020; Yahara *et al.*, 2016)。興味深いことに, *M. cambodiana* と *M. seimensis* は, *rbcL*

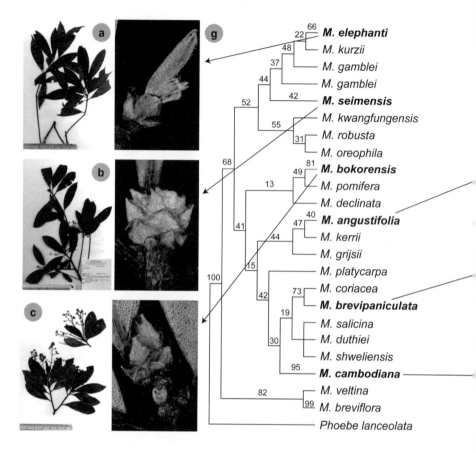

と *matK* の配列は一致し，葉形質も類似するが，ITS 配列による系統樹では異なるクレードに属した（図 9-g）。また，頂芽の形態を比較すると，*M. cambodiana* は裸芽（図 9-f）で，*M. seimensis* は鱗芽（図 9-b）と異なっていた。頂芽の形態については，これまで注目されていなかったが，*M. elephanti*, *M. seimensis*, *M. bokorensis* は鱗芽を形成し，*M. angustifolia*, *M. brevipaniculata*, *M. cambodiana* は裸芽を形成した。系統的制約があるかどうかはまだわからないが，今後の研究に期待したい。

　M. angustifolia, *M. cambodiana*, *M. elephanti* については，花も実もない標本から新種記載を行った。通常，繁殖形質は近縁種を識別するためのより決定的な証拠となるため，従来の植物分類学では，繁殖形質を持つ標本に基づいて新種記載が行われてきた。しかし，この伝統的な新種記載には時間がかかりすぎ

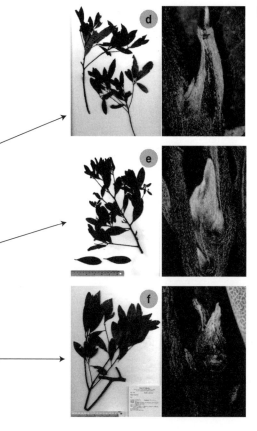

図9 *Machilus* 属
a: *M. elephanti* の標本と頂芽, **b**: *M. seimensis* の標本と頂芽, **c**: *M. bokorensis* の標本と頂芽, **d**: *M. angustifolia* の標本と頂芽, **e**: *M. brevipaniculata* の標本と頂芽, **f**: *M. cambodiana* の標本と頂芽, **g**: ITSによる系統樹 (Mase *et al.*, 2020 を改変)。数字はブートストラップ値。

るため,このままでは多くの種が命名される前に絶滅してしまう可能性がある (Maddison *et al.*, 2012)。ここで紹介した *Machilus* 属の研究は,DNA バーコードと栄養形質による新種記載の良い事例の1つといえるだろう。この方法は,数年に一度しか開花しないような種が多く見られる東南アジアの熱帯林(e.g. Sakai *et al.*, 1999)の種多様性を解明するうえで特に有用であると考えられる。

おわりに

本章では,DNA バーコーディングにおけるインプットとしての博物館標本の利用可能性,およびアウトプットとしての種同定や新種発見における有効性について事例研究をもとに紹介した。現在,博物館標本等を利用したDNA バーコード情報

の登録は精力的に行われており，将来的には名前のあるすべての種について，種内変異も含んだゲノムライブラリが作成されるだろう。さらには，調査区内の各個体について数百万塩基対の配列を安価に得ることができるようになれば，証拠標本なしにプロット樹木の種同定や地域の多様性評価が可能になるだろう。このようなDNAのみのアプローチが必ずしも望ましいというわけではないが，分類学的なトレーニングなしに迅速に多様性評価を行うための有効な手段だと考えられる。また，サンプルから未知のバーコード配列が得られた際には，ほぼ間違いなく新種と言えるような時代が来るかもしれない。

　しかし，現状，上記のようなことができる状態にはほど遠い。特に熱帯植物については まだまだ情報不足である。繰り返しにはなるが，DNA バーコーディングによる種同定の基礎となるのは，その参照となる DNA バーコードライブラリである。そして，DNA バーコードライブラリの基盤となる，正確な分類情報に紐づく DNA 情報の蓄積には，形態分類学的アプローチが必要不可欠である。また，ライブラリが充実しても，分類体系やライブラリの情報に問題があるものに関しては，形態形質を用いた再確認が必要となる。そのため，DNA バーコーディングは，種の同一性を確認する古典的な分類学的アプローチなしには不完全であり，現在のところ形態に基づく分類学的研究と決して置き換えることはできない。DNA バーコーディングと形態分類学的アプローチの相互の利点を活かしつつ，弱点を補う形で活用すれば，より効率的な同定が可能となるだろう。また，解析に用いた証拠標本は，分類作業を補助する有効な情報源となりえるため，可能な限り DNA バーコード配列と合わせて保管するのが望ましい。

引用文献

Adema, F. *et al.* 1994. Sapindaceae. Flora Malesiana Series I - Spermatophyta: Flowering Plants, p. 419–768. Rijksherbarium / Hortus Botanicus, Leiden University.

Amandita, F. Y. *et al.* 2019. DNA barcoding of flowering plants in Sumatra, Indonesia. *Ecology and Evolution* **9**: 1858–1868.

Bakker F. T. *et al.* 2016. Herbarium genomics: plastome sequence assembly from a range of herbarium specimens using an Iterative Organelle Genome Assembly pipeline. *Biological Journal of the Linnean Society* **117**: 33–43.

Behrensmeyer, A. K. & A. Turner. 2013. Taxonomic occurrences of *Euphorbia* recorded in the paleobiology database. Fossilworks. http://fossilworks.org.

CBOL Plant Working Group. 2009. A DNA barcode for land plants. *Proceedings of the National Academy of Sciences of the United States of America* **106**: 12794–12797.

Datta-Roy, A. & K. P. Karanth. 2009. The out-of-India hypothesis: what do molecules suggest? *Journal of Biosciences* **34**: 687–697.

Dorsey, B. L. *et al.* 2013. Phylogenetics, morphological evolution, and classification of *Euphorbia* subgenus *Euphorbia*. *Taxon* **62**: 291–315.

Dunning, L. T. & V. Savolainen. 2010. Broad-scale amplification of *matK* for DNA barcoding plants, a technical note. *Botanical Journal of the Linnean Society* **164**: 1–9.

Ebihara, A. *et al.* 2010. Molecular species identification with rich floristic sampling: DNA barcoding the pteridophyte flora of Japan. *PLOS ONE* **5**.

Gagnepain, F. *et al.* 1907–1951. Flore Générale de l'Indo-Chine. Masson.

GBIF.org. 04 August 2022. GBIF Occurrence. Download https://doi.org/10.15468/dl.zsy2e8.

Jones, L. *et al.* 2021. Barcode UK: A complete DNA barcoding resource for the flowering plants and conifers of the United Kingdom. *Molecular Ecology Resources* **21**: 2050–2062.

神奈川県植物誌調査会 (編). 2018. 神奈川県植物誌2018電子版. 神奈川県植物誌調査会.

Kostermans, A. J. G. H. 1988. Materials for a revision of Lauraceae V. *Reinwardtia* **10**: 439–469.

Kress, W. J. *et al.* 2009. Plant DNA barcodes and a community phylogeny of a tropical forest dynamics plot in Panama. *Proceedings of the National Academy of Sciences of the United States of America* **106**: 18621–18626.

Lewin, H. A. *et al.* 2022. The Earth BioGenome Project 2020: Starting the clock. *Proceedings of the National Academy of Sciences of the United States of America* **119**: e2115635118.

Little, D. P. 2014. A DNA mini-barcode for land plants. *Molecular Ecology Resources* **14**: 437–446.

Mabberley, D. J. *et al.* 1995. Meliaceae. Flora Malesiana Series I - Spermatophyta: Flowering plants, p. 1–388. Rijksherbarium / Hortus Botanicus, Leiden University.

Maddison, D. R. *et al.* 2012. Ramping up biodiversity discovery via online quantum contributions. *Trends in Ecology & Evolution* **27**: 72–77.

Mase, K. *et al.* 2020. A taxonomic study of *Machilus* (Lauraceae) in Cambodia based on DNA barcodes and morphological observations. *Acta Phytotaxonomica Et Geobotanica* **71**: 79–101.

Meusnier, I. *et al.* 2008. A universal DNA mini-barcode for biodiversity analysis. *BMC Genomics* **9**: Artn 214.

Ngoc, N. V. *et al.* 2021. Morphological and molecular evidence reveals three new species of Lithocarpus (Fagaceae) from Bidoup-Nui Ba National Park, Vietnam. *PhytoKeys* **186**: 73–92.

Nock, C. J. *et al.* 2011. Chloroplast genome sequences from total DNA for plant identification. *Plant Biotechnology Journal* **9**: 328–333.

Nuraliev, S. M. *et al.* 2022. Three new national records from Kon Chu Rang Nature

Reserve, Vietnam: *Euphorbia bokorensis*, *Glochidion geoffrayi* and *Lysimachia nutantiflora*. *Phytotaxa* **574**: 073–082.

Ratnasingham, S. & P. D. N. Hebert. 2007. BOLD: The barcode of life data system (www. barcodinglife.org). *Molecular Ecology Notes* **7**: 355–364.

Sakai, S. *et al.* 1999. Plant reproductive phenology over four years including an episode of general flowering in a lowland dipterocarp forest, Sarawak, Malaysia. *American Journal of Botany* **86**: 1741–1741.

Seemann, B. 1852–1857. The botany of the voyage of H. M. S. Herald: under the command of Captain Henry Kellett, R.N., C.B., during the years 1845-51. Lovell Reev.

Setsuko, S. *et al.* 2023. A DNA barcode reference library for the native woody seed plants of Japan. *Molecular Ecology Resources* **23**: 855–871.

Straub, S. C. K. *et al.* 2012. Navigating the tip of the genomic iceberg: next-generation sequencing for plant systematics. *American Journal of Botany* **99**: 349–364.

Sugita, N. *et al.* 2020. Non-destructive DNA extraction from herbarium specimens: a method particularly suitable for plants with small and fragile leaves. *Journal of Plant Research* **133**: 133–141.

Suyama, Y. *et al.* 2022. Complementary combination of multiplex high-throughput DNA sequencing for molecular phylogeny. *Ecological Research* **37**: 171–181.

Tagane, S. *et al.* 2015. Flora of Bokor National Park, Cambodia I: thirteen new species and one change in status. *Acta Phytotaxonomica Et Geobotanica* **66**: 95–135.

Thwaites, G. H. K. 1861. Enumeratio Plantarum Zeylaniae. Dulau.

Toyama, H. *et al.* 2015. Effects of logging and recruitment on community phylogenetic structure in 32 permanent forest plots of Kampong Thom, Cambodia. *Philosophical Transactions of the Royal Society B-Biological Sciences* **370**: 1662.

Toyama, H. *et al.* 2013. Inventory of the woody flora in permanent plots of Kampong Thom and Kampong Chhnang provinces, Cambodia. *Acta Phytotaxonomica Et Geobotanica* **64**: 45–105.

Toyama, H. *et al.* 2016a. Flora of Bokor National Park, Cambodia IV: A New Section and Species of *Euphorbia* Subgenus *Euphorbia*. *Acta Phytotaxonomica Et Geobotanica* **67**: 83–96.

Toyama, H. *et al.* 2016b. A new species of *Eustigma* (Hamamelidaceae) from Hon Ba Nature Reserve, Vietnam. *PhytoKeys* **65**: 47–55.

Yahara,T. *et al.* 2016. Flora of Bokor National Park V: Two new species of *Machilus* (Lauraceae), *M. bokorensis* and *M. brevipaniculata*. *PhytoKeys* **65**: 35–46.

Yao, H. *et al.* 2010. Use of ITS2 region as the universal DNA barcode for plants and animals. *PLOS ONE* **5**.

コラム2 昆虫のDNAバーコーディングとその利用

岸本 圭子（龍谷大学 先端理工学部）

　調査対象の植物を正体不明の昆虫の幼虫が食べていた。名前を知りたい。そうだ！　バーコーディングをしよう。

　一般的に，昆虫の幼虫の外部形態の情報は成虫に比べて乏しいことが多く，同定に利用できる図鑑や文献もあまりないため，常日頃からDNAを扱っている研究室にいれば，そんな会話も聞こえてくるかもしれない。

　既知種のDNAバーコード（特定部位の短い塩基配列）を標識として，未知の種を同定する手法をDNAバーコーディングと呼ぶ。昆虫の場合，ミトコンドリア *COI* 遺伝子の前半の部分領域 600 bp 程度が標準バーコード配列として利用されている。当然ながら，既知種のDNAバーコード情報が参照するデータベース（ライブラリ）に登録されていなければ，精度の高い同定結果は得られない。言い換えると，DNAバーコーディングにおける同定の精度は，ライブラリに信頼性の高いバーコード情報が十分に登録されているかどうかに依存する。

　さて，冒頭の会話に戻るが，正体不明の幼虫をDNAバーコーディングにより種同定することは可能だろうか？　多くの場合，現時点では困難である。その根拠は，日本産昆虫のバーコード配列のライブラリが充実していないことにある。例えば，DNAバーコード専用のデータベースBarcode of Life Data Systems（BOLD）[*1] を使って，日本産昆虫の既知種約 4 万種のうちどのくらいの種でバーコード配列が登録されているのか調べたところ，わずか 10 分の 1 程度であった（2021 年 5 月時点）。さら

[*1]　BOLD は「バーコードオブライフプロジェクト」の登録システムである。現在はバージョン 4（https://www.boldsystems.org）。バーコード配列のほか，種名とその証拠標本情報（保管機関，写真，採集記録など），DNA の波形トレースやプライマー情報などを登録する。なお，BOLD に登録された配列は自動的に Genbank に提出されるとともに BOLD は定期的に Genbank に登録された配列を抽出している（Porter & Hajibabaei, 2018）。

に，その内訳を見てみると，分類群によって登録種数にばらつきが見られた（岸本ほか，2022）。最も充実しているのはトンボ目で，既知種のほとんどのバーコード配列が BOLD に登録されていた。一方で，最大種数を擁するコウチュウ目，植物と関係するものが比較的多く種数も多いカメムシ目やチョウ目，ハエ目，ハチ目では，既知種に対する登録カバー率は6〜15%と低い。このような状況では，植物を食べている正体不明の幼虫を DNA バーコーディングで同定するのは難しいと考えられる。

1. 日本産昆虫のライブラリ構築

将来的にライブラリが充実すれば，DNA バーコーディングで，幼虫はもちろん，卵や蛹など異なるステージ間の対応関係や，外部形態の異なる雌雄の対応関係が判明するだろう。そもそも昆虫は，成虫であっても外部形態による同定に専門的な知識と経験が必要とされる場合が多く，ライブラリの充実によって，DNA 解析技術があれば，専門家でなくても種の同定ができるようになるのである。また，体全体が残っていなくても，一部破片や DNA 断片が残っていれば同定ができるようになる。そして，次世代シーケンサーを利用すれば，複数の DNA が混じっている状態においても，それぞれの生物種の配列を並列して解析することができるため（DNA メタバーコーディング），食性解析や群集解析に適用することができる。

実用的な日本産昆虫のライブラリ構築のためには，網羅的な昆虫の収集，分類学的知識を有する専門家による種同定とその証拠標本，その標本から決定されたバーコード配列の収集，さらに，公開されたデータベースへの登録が必要とされる。世界的には，さまざまな生物の DNA バーコードライブラリを作成し，実用的な同定を目指しているプロジェクト（バーコードオブライフ）が進められている。また，バーコード領域にとどまらず，真核生物のゲノム配列の決定を目的としたプロジェクトも動いている（**第5章**参照）。しかしながら，日本では昆虫のバーコード情報を包括的に集約する動きはなく，今のところ一部の個人研究者や個々の研究機関レベルで，特定の分類群のライブラリ作成が進められている。このような進め方では，既知種約4万種のバーコード情報が登録され，実用的な同定が可能になるまでには相当な時間がかかるものと予想される。

2. 生態学的研究におけるライブラリの必要性

実用的な同定を可能にするためには，ライブラリ作成を加速させることが必要で

ある。特にここ十数年で飛躍的に増えている DNA メタバーコーディングによる食性解析や群集解析の研究において，昆虫のライブラリ構築の必要性が高まっている。昆虫は，哺乳動物や鳥類の餌として，また，送粉や種子食など植物との関係においても重要なグループであり，DNA メタバーコーディングによる生態学的な研究の対象となることが多い。例えば，動物の糞の中に残された被食者としての昆虫の DNA 断片を，既存のライブラリをもとに同定を試みる場合，先に述べた通り，日本産昆虫のバーコード配列情報が不十分なため，同定の精度が低くなってしまう。解析上で類似性の高い種・種群が該当しても，日本に生息していない種が該当してしまうこともあり，現状ではより上位の目や科，属レベルの同定にとどめておくしかない。

　同定の精度を高めるためには，自作の参照用ライブラリ（ローカルライブラリ）を作成することもできる。ローカルライブラリは，既存のライブラリを対象生物用にカスタマイズして使う場合や（Vesterinen *et al.*, 2013），対象となる地域や分類群など範囲を限定して実際に生物を採集し一から作成する場合とがある。例えば筆者は，鳥類のトキの餌としての昆虫を特定するためのローカルライブラリを作成するため，トキが特定の時期に主に水田の畦畔を採餌場として利用することから，畦畔に生息する昆虫群に対象を絞り，それらを網羅的に収集した。そうして集められた昆虫の種同定をしたうえで DNA バーコード配列を決定し，ライブラリを作成する。最終的には，対象 DNA 配列と，ローカルライブラリデータとを照合して，類似性が高い種を絞り込む。ローカルライブラリを作成したうえで糞や胃内容から被食昆虫種を特定した研究事例はまだ限られているが（Bullington *et al.*, 2021）[*2]，植物などほかの生物ではローカルライブラリ作成によって同定の精度が高まることが示されている（Nakahara *et al.*, 2015 など）。

3. ローカルライブラリの汎用性

　ローカルライブラリの作成には時間と手間がかかるが，これらのデータを汎用性の高いものにすることで，本来の意味での DNA バーコーディングの利用を可能にする。そのために注意が必要なのは，種の同定のプロセスである。昆虫の外部形態による同定には，専門的な知識と経験が必要とされる。ローカルライブラリ作成においても，同定のプロセスは専門家と連携する方が良いであろう。その際に気をつ

[*2] 例えば，Bullington *et al.*（2021）は，ローカルライブラリ作成において種レベルの同定は多くの個体で試みられていない。

けたいのが，分類研究にとってもメリットがあるようなかたちでの連携である（山迫,
2022）。例えば山迫（2022）では，遺伝子解析技術を持った研究者は，特定の
分類群の専門家の分類学的知識と技術の提供を受けると同時に，隠蔽種の探索
や近縁種との類縁関係の調査のためにバーコード情報を提供し，双方メリットのあ
るようにライブラリ構築を進めている。

　一方で，チョウ類やトンボ目，バッタ目，コウチュウ目の一部の科などでは，日
本の全既知種を網羅した市販の図鑑があり，種の写真，分布情報，生態に関す
る記述，検索表をもとに，対象とする分類群の専門家でなくても比較的容易に種
同定を行うことができる。バーコード配列と，同定者氏名及び証拠標本を紐付け
て公開すること，そして，論文のなかでは同定の根拠となった資料を記載することで，
ローカルライブラリといえども1つの研究にとどまらず汎用性の高いライブラリにな
ると考えられる。証拠標本を残すことで，同定の正確性の検証ができるとともに，
のちに分類学的研究の進展により学名の変更があった場合でも種の同一性の検証
が可能である。

　公開するツールとして，独自のデータベースを作っているケースもあるが，一研究
者が独自のデータベースを作成し維持するのは難しく，その場合は既存のデータベ
ースを活用するのが妥当であろう。BOLDは，バーコード配列だけでなく，証拠標
本の画像も残すことができる。画像があれば，利用者は証拠標本を実際に見なく
ても同定の正確性の検証などオンラインで確認できることが増えるため選択肢の一
つとして挙げられるだろう。なお，BOLDは英語での使用となるが，日本語の詳し
い解説（神保，2016）もあるので参考にしてほしい。

　ローカルライブラリの汎用性を考えるうえで，対象とする遺伝子領域も重要な問
題である。例えば，動物の糞を使ったDNAメタバーコーディングによる食性解析
では，COIや16S rRNAの150 bp程度のより短い領域が昆虫を含む節足動物・
無脊椎動物を検出するためによく利用されている（Ando et al., 2020）。なかでも，昆
虫の標準バーコード領域であるCOIの一部の領域をターゲット[*3]にした研究例が多
い（Ando et al., 2020）。ローカルライブラリを作成する際には，その汎用性を高める
ために，ターゲット領域だけでなく，標準バーコード領域600 bp程度を決定する
ことが望ましい。ただし，COIはプライマー領域に変異が生じることも多く，種によ
っては配列決定が困難な場合も少なくない。そのため，ミトコンドリアDNAの16S

---

*3　Zeale et al.（2011）で開発されたプライマーを利用することが多い。

領域や 12S 領域が DNA バーコーディングとしてより適切であるという議論もあり，実際にプライマーが開発されている（Takenaka *et al.*, 2023）。

4. ローカルライブラリ構築のための提案

　汎用性の高いローカルライブラリを作成するうえで個々の研究者にとってハードルが高いのは，種の同定に加えて，網羅的なサンプル収集と，それらから抽出したDNA サンプルおよび証拠標本の維持管理であろう。そこで，博物館などに収蔵されている，専門家によってすでに同定された標本を活用することを提案したい。博物館に収蔵されている標本のなかには，ある地域で網羅的に集められた標本コレクションや，特定の分類群のコレクションなどがある。それらにはすでに同定ラベルや専門家によるアノテーションが付けられているものが多い。保存状態にもよるが，古い標本からの非破壊的な DNA 抽出は多くの研究者が挑んでおり，以前より容易になった。本書や，本シリーズの大島・吉澤（2012）などを参考にしてほしい。貸し出し方法は細・鈴木（2012）を参考にするとよい。ただ，昆虫の場合，植物と違って DNA 抽出の際に失う部位が体サイズに比して大きいので，貴重なコレクションの場合は貸出が難しい。収蔵している博物館の研究者や学芸員とよく相談する必要がある。すでに日本産チョウ類では，博物館の標本を使って DNA バーコードライブラリが構築されており，長太ほか（2022）の記事には博物館標本を使う注意点なども含めてまとめられているので，参考にしてほしい。

　また，昆虫の場合，博物館だけでなく在野の研究者がコレクションを自宅に保管している場合も少なくない。筆者はそのような研究者の標本を見せていただく機会がこれまであったが，同定ラベル付きの標本がきれいな状態で管理されていた。双方の興味が一致するかたちでの協力を得ることができれば，これらの標本も活用することができるだろう。ただし，古い標本を使う場合などは最新の分類学的研究による学名の変更もありうるので，標本の同定結果の精査にはやはり専門家の協力が必要である。専門家への依頼を一部の同定困難な種に絞ることで，専門家の負担も少なくなり協力を得られやすいのではないかと考えている。

　一方で，証拠標本と DNA サンプルの 2 種類のサンプルを一緒に維持管理するのは多くの機関で難しく，現状では，DNA サンプルは一時的に DNA 解析技術をもった研究者の所属機関で保管し，証拠標本は所持している博物館で管理を続けるか，個人の標本の場合は博物館など公的な機関に寄贈することが望まれる。今後は2種類のサンプルを合わせて長期で維持管理するしくみも DNA バーコードライブ

ラリの整備と合わせて構築していく必要があるだろう。

　また，ライブラリ利用者（ここでは特定の昆虫の分類学的知識を有していない異なる分野の研究者を想定している）が，対象としたい分類群の知識を持った標本提供者とコンタクトを取ることはハードルが高いかもしれない。その場合，日本昆虫学会など専門家が集まる学会に積極的に参加することが有効であろう。筆者らは共同研究者らと，Slack において「みんなの DNA バーコーディング」というワークスペースを作成した[*4]。多くの参加者が集まることで，特定の分類群の専門家や標本提供者の情報，昆虫標本を残す技術などに関して情報交換ができると考えている。

引用文献

Ando, H. *et al.* 2020. Methodological trends and perspectives of animal dietary studies by noninvasive fecal DNA metabarcoding. *Environmental DNA* **2**: 391–406.

Bullington, L. S. *et al.* 2021. Do the evolutionary interactions between moths and bats promote niche partitioning between bats and birds? *Ecology and Evolution* **11**: 17160–17178.

細将貴, 鈴木まほろ. 2012. 博物館標本の活用術. 種生物学会 (編), 種間関係の生物学 共生・寄生・捕食の新しい姿. pp. 357–376. 文一総合出版.

神保宇嗣. 2016. DNA バーコーディングとその利用法. 那須義次ほか (編), 鱗翅類学入門：飼育・解剖・DNA 研究のテクニック, pp. 225–234. 東海大学出版会.

岸本圭子ほか. 2022. 日本産昆虫の DNA バーコーディングの現状. 昆虫と自然 **57**: 2–6.

長太伸章ほか. 2022. 日本産蝶類の DNA バーコードライブラリの構築. 昆虫と自然 **57**: 23–27.

Nakahara, F. *et al.* 2015. The applicability of DNA barcoding for dietary analysis of sika deer. *DNA Barcodes* **3**: 200–206.

大島一正・吉澤和徳. 2012. 古い昆虫標本からの DNA 抽出と抽出産物の PCR 増幅. 種生物学会 (編), 種間関係の生物学 共生・寄生　捕食の新しい姿, pp. 301 311. 文一総合出版.

Porter, T. M. & M. Hajibabaei. 2018. Over 2.5 million COI sequences in GenBank and growing. *PLOS ONE* **13**: e0200177.

Takenaka, M. *et al.* 2023. Development of novel PCR primer sets for DNA barcoding of aquatic insects, and the discovery of some cryptic species. *Limnology* **24**: 121–136.

Vesterinen, E. J. *et al.* 2013. Next generation sequencing of fecal DNA reveals the dietary diversity of the widespread insectivorous predator Daubenton's Bat (*Myotis daubentonii*) in Southwestern Finland. *PLOS ONE* **8**: e82168.

[*4] 2022 年 9 月に無料版 Slack の仕様が変更され，書き込みの保存期間が 90 日限定となってしまった。引き続き無料版を使用しているものの利用頻度は激減し，新しい情報交換の場を検討中である。

山迫淳介. 2022. 分類研究と連携協力した昆虫 DNA バーコード情報整備〜信頼性の高い情報整備に向けて〜. 昆虫と自然 **57**: 12–16.

Zeale, M. R. K. *et al.* 2011. Taxon-specific PCR for DNA barcoding arthropod prey in bat faeces. *Molecular Ecology Resources* **11**: 236–244.

第 2 部
HOW TO:
標本から情報を取り出す方法

　標本から生物の歴史を解き明かすための解析手法を紹介する。まず第 6 章で，標本から遺伝情報を取り出す広範な手法を概観し，その後，標本からのサンガーシーケンス（第 7 章），マイクロサテライト（第 8 章），MIG-seq（第 9 章），ターゲットキャプチャー法（第 10 章），全ゲノム解析（第 11 章）といった手法の詳細を説明する。また，DNA を長期的に安定して保存するための標本作りの工夫（第 12 章）や，標本をなるべく傷つけずに DNA を取り出す方法（第 13 章）についても紹介する。

　最後に，標本を管理する博物館とどのように連携し，標本の利用を進めるべきかをまとめる（第 14 章）。将来にわたって標本を利用し続け，今後も研究成果の確かな証拠として参照するためには，標本の長期保存を意識することも重要である。このバランスの中で，多様な方法論や考え方が存在することも併せて知っておきたい。

第6章　標本 DNA の活用法

伊藤 元己（東京大学名誉教授）

　地球上には，少なくとも 590 万種の生物がいると推定されている（IPBES, 2019）。生物学者は，18 世紀以来，300 年以上をかけて，地球上の生物を採集，標本を作成し，生物種を記載する努力を重ねてきた。その結果として博物館などに収蔵され，蓄積されている生物標本は，さまざまな地域からの多様な生物の形態や分布に関する貴重な情報源である。これらは，分類学において重要な研究資源として利用され，最近では生態学においても利用されるようになってきた（GBIF, 2021）。

　標本を使った従来の研究では，その形態を観察することが主であったが，1983 年に polymerase chain reaction（PCR）法が開発され，DNA を含む微量サンプルから，その塩基配列を決定することが可能になったことから，遺伝情報の解析という標本の新たな活用の道が開かれることになった。さらに，21 世紀に入った頃から開発が進んだ次世代シーケンサーによって，短い DNA 配列を大量かつ迅速に決定することが可能になり，標本から抽出した DNA（以下，標本 DNA）を用いた研究が急速に発展してきた。ここでは，標本 DNA を用いた集団遺伝・系統解析という，特に進歩が著しい研究分野について紹介する。遺伝情報は，生物がどのように形成され，進化してきたのかを理解するための重要な情報源である。標本 DNA を用いて系統関係を調べることで，さまざまな生物の進化の歴史や，遺伝的・系統的多様性を明らかにすることができる。また，生物標本は過去の生物の情報を保存しているため，その遺伝情報を解析することで，18 世紀以降に起きた生物の進化について研究することが可能となっている。

次世代シーケンサーの登場

　1983 年以降の初期の研究では，標本 DNA を用いた遺伝・系統解析が，主に種間や高次の系統関係を解析するために用いられてきた。しかし，標本 DNA は，通常，断片化が進み数百塩基対以下に切断されているため，一般的に研究に使

用されていた 500〜1000 bp ほどの DNA 断片を増幅するプライマーセットでは増やすことが困難である。そのため，保存状態の良い新しい標本を用いるか，短い配列で我慢する，あるいは増幅断片が短い配列になるように中間のプライマーを設計して，複数の配列をつなぎ合わせての塩基配列決定が行われてきた。例えば，種同定を目的として開発され，現在では広く普及している DNA バーコーディングにおいて，動物ではミトコンドリア DNA 上の *COI* 遺伝子の前半約 650 bp が標準バーコード領域として利用されている。しかし，少々年代を経た標本においては，この長さの断片を通常の PCR 法により増幅することは困難である。そこで，ショートバーコードとして，*COI* 遺伝子中の約 130 bp の配列が提案され，利用されている。もちろん，130 bp だけでは，種同定の精度は落ちるが，増幅効率と同定精度をいくつかの長さの DNA で比較した結果，130 bp が最適とされたのである（Meusnier *et al.*, 2008）。標本 DNA は集団遺伝学的解析にも利用が進んでいて，主にマイクロサテライト（SSR）による解析が行われてきたが，この場合も増幅断片が比較的短くなるようなプライマーセットを選択して使用される（Nakahama, 2021; Nakahama & Isagi, 2017 を参照）。

このような状況を一変させたのが，次世代シーケンサーと呼ばれる，新しい原理で大量の塩基配列決定を同時に行える機器の登場である。最初の商用の次世代シーケンサーである Roche-454 が発売された 2005 年以来，現在まで何世代もの新たな技術による機器が開発され，もはや次世代シーケンサーという言葉は適切ではない。このような機器の中で，標本 DNA の解析に最もインパクトを与えたのは Illumina 社のシーケンサーであろう。従来のサンガー法を用いたシーケンサーでは，約 1000 bp の長さの DNA 断片の配列を 1 本ずつ解読していくことが基本であるが，Illumina 社の機器は，短い DNA 断片（100〜300 bp）を 1 回のランで 2500 万〜60 億個ほど読むことが可能であり，断片化された標本 DNA の解析にはたいへん相性が良い。実際，Illumina 社のシーケンサーを用いた通常の DNA 解析のときにも，DNA を数百 bp に断片化してからシーケンスを行う。

次世代シーケンサーが利用できるようになってから，標本 DNA の利用範囲は大きく広がった（伊藤, 2017）。次世代シーケンサーでの解析を前提とする RAD-seq（Baird *et al.*, 2008）や MIG-seq（Suyama & Matsuki, 2015）など，大量の SNPs（Single Nucleotide Polymorphisms; 一塩基多型）を得ることのできる手法の開発により，標本 DNA は近縁種間や種内集団間の遺伝解析に威力を発揮する。特に MIG-seq 法は，低品質で断片化された DNA でも使用できるため，標本 DNA との相性が良い。また，

第 6 章　標本 DNA の活用法　*125*

表 1　次世代シーケンサーによる解析方法

手法	得られる情報	特徴	参考文献
MIG-seq	SNPs	不純物の多い，少量の DNA で解析可能 得られる SNPs 数は RAD-seq に比べて少ない	Suyama & Matsuki, 2015 岩崎ほか, 2019
RAD-seq	SNPs	比較的良質な DNA が必要 得られる SNPs 数は多い	Baird *et al.*, 2008 Miller *et al.*, 2007
ターゲット キャプチャー	遺伝子塩基配列	ターゲット遺伝子のキャプチャー用 DNA が必要 一度に 100 を超える遺伝子の配列が得られる	Bailey *et al.*, 2015 Blaimer *et al.* 2016 Knyshov *et al.*, 2019 McCormack *et al.*, 2016 Van Dam *et al.*, 2017
ゲノム スキミング	葉緑体 ミトコンドリア 全ゲノム配列	抽出した全 DNA を使用 マッピング用の配列が事前に必要	Hughey *et al.*, 2016 Mikheyev *et al.*, 2017 Waku *et al.*, 2016 Zeng *et al.*, 2018
ゲノム リシーケンス	全ゲノム配列	抽出した全 DNA を使用 マッピング用のゲノム配列が事前に必要	Cridland *et al.*, 2018 Gelabert *et al.*, 2020 Hykin *et al.*, 2015

参考文献は Nakahama, 2021 による

　全ゲノムの解読解析にも標本 DNA が利用されるようになり，特に絶滅生物のゲノム解析は，博物館などに収蔵されている標本を利用するよりほかに方法がない。また，2022 年度のノーベル生理学・医学生理学賞を受賞したスバンテ・ペーボ（Svante Pääbo）教授のネアンデルタール人のゲノム解読の研究のように，4 万年前の化石人骨からも DNA を抽出して解読できるようになった（Green *et al.*, 2010）。

　標本を用いた DNA 解析では，通常，標本の一部を切り取って DNA を抽出するため，使用するときには標本管理者による事前の許諾と対象標本に対する十分な配慮が必要である。標本へのダメージ軽減のため，標本からの「非破壊的」DNA 抽出法が考案されている。非破壊といっても，実際は DNA などが抽出されるので標本の損傷はあるが，少なくとも通常の分類学的研究に必要な外部形態などにはあまり影響がない方法である。この非破壊的 DNA 抽出法は脊椎動物（Mundy *et al.*, 1997）や昆虫（Rowley *et al.*, 2007）で先行して行われてきたが，植物でも標本の葉の表面にバッファー溶液を乗せて DNA を抽出する方法が開発されている（Sugita *et al.*, 2020）。

　次世代シーケンサーを使用した代表的な標本 DNA の解析手法を**表 1** にまとめた。以下に標本 DNA の活用例を紹介する。

標本 DNA の活用例

サンガー法による解析

　系統解析などに標本 DNA を用いた研究は，1990 年代から一般的に行われるようになってきた。サンガー法による初期の研究では，絶滅種や入手困難な種を解析に含めるために標本 DNA が利用されていた。標本 DNA を用いた代表的なプロジェクトとして，昆虫の DNA バーコードのリファレンス作成プロジェクトが挙げられる。DNA バーコーディングを最初に提唱 (Hebert *et al.*, 2003)，実用化したカナダ・ゲルフ大学のエベール (Hebert) 教授は，国際プロジェクトとして iBOL (International Barcode of Life, Adamowicz, 2015 を参照) を立ち上げ，多様な生物種の DNA バーコードのリファレンスの蓄積と，そのデータベースを利用した種同定システムを提供する BOLD system を運用している。

　DNA バーコーディングを実際に利用するためには，専門家により正確に同定されたサンプルからの DNA バーコード・リファレンスが必要であり，元になった標本に簡単にアクセス可能であることが必要である。そのため，DNA バーコードを取得した標本は博物館などの公的な保管施設に収蔵されることになる。もちろん，多くの DNA バーコード・リファレンスは新たに採集された標本から得られているが，種の網羅性を上げるために，大規模に集積された博物館標本も利用されている。

　この利用が最も進んでいるのが，エベール教授の研究材料である鱗翅目の昆虫であり，米国のスミソニアン自然史博物館やオーストラリアの博物館所蔵の標本を使用しての大規模 DNA バーコード・リファレンス取得が行われている。博物館の所蔵標本は正確な同定がされているものが多く，信頼性の高いリファレンスを得ることが可能となる。もちろん，多くは破壊的な DNA 抽出となり，蝶や蛾の場合は 1 ～数本の脚を標本から切り取ることになるので，対象標本の選択には十分な注意が必要である。このような作業は標本管理者の理解と協力が必要であるが，博物館などに所蔵されている大規模標本コレクションを利用しての DNA バーコード・リファレンスデータ取得は，短期間に網羅性と信頼性の高いリファレンスを作成するために有効な方法である。

マイクロサテライト

　マイクロサテライトとは，ゲノム中で，数塩基の配列が繰り返している領域であり

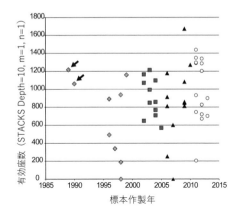

図1 アザミ類の標本作成年とMIG-seq有効座数
◆ 2000年以前
■ 2001～2005年
▲ 2006～2010年
○ 2011年以降

単純反復配列（simple sequence repeat; SSR）とも呼ばれる。このなかで，2～4塩基が10回以上繰り返すものは，その反復回数に多型が頻繁に見られることから，集団遺伝学的解析によく用いられている。次世代シーケンサーを用いたマイクロサテライト解析はSSR-seq（Šarhanová et al., 2018）などが開発されているが，標本DNAを主に用いた研究例はほとんどない。SSR-seqを標本DNAに適用する場合は，前述のように，比較的短いターゲット配列用のプライマーセットを用いる必要があるだろう（Nakahama & Isagi, 2017）。

MIG-seq法

MIG-seq法とは，単純な塩基配列が複数回繰り返されている配列（SSR）にはさまれた領域を増幅し，増幅配列を次世代シーケンサーで読んだ後，SNPsを抽出する手法である（Suyama & Matsuki, 2015）。植物においてどの程度古い標本が解析可能であるかを調べるため，私たちは日本産のキク科アザミ属植物の標本を用いて検証を行った。国立科学博物館（TNS）に所蔵されているアザミ属植物の標本の葉から一部を提供いただき，DNAを抽出してMIG-seq法により増幅した断片からどの程度のSNP数が得られるかを調べ，その採集年代との比較を行った。その結果，標本作成時の乾燥が素早く行われたと思われる保存状態の良い標本（図1中の矢印）では，25年以上前に収集された標本でも新鮮なサンプルと同様なSNP数が得られた（図1）。

岩崎ほか（2019）は，被子植物4種とシダ植物2種について，さまざまな年代の標本についてMIG-seqで十分なリード数が得られるかを検討した。その結果，

40 年前の標本でも十分な情報が得られることがわかり，さらに状態が良ければ 50 年前の標本でも可能であることが示された。また，植物標本 DNA で MIG-seq を行う際には，DNA 損傷修復処理を行うと良いこと，MIG-seq のサンプルには独立した複数回の増幅産物を混合すると良いことを提唱している（岩崎ほか, 2019）。

ゲノムスキミング法

　サンガー法による DNA 自動配列決定機（DNA シーケンサー）の普及により，DNA 塩基配列による系統解析の研究が増えてきた 1990 年代では，PCR 法により増幅が簡単な領域，すなわち核ゲノム・リボソーム DNA の ITS 領域や，動物ではミトコンドリア DNA，植物では葉緑体 DNA 上の単一あるいは数個の遺伝子や遺伝子間領域が用いられることが一般的であった。当時は DNA シーケンサーの性能的制約から，1000 bp 以下の配列が用いられることが多かったが，このような長さの配列を得るのにも，短い DNA 断片しか PCR 増幅ができない標本 DNA を用いて解析するのは困難をともなった。特に 21 世紀に入り，複数遺伝子座の配列を統合した 1 万 bp を超えるデータ量に基づく系統解析が増えてくると，標本 DNA の利用はさらに難しくなった。この状況を変えたのは前述の通り次世代シーケンサーである。現在では，ミトコンドリアゲノムや葉緑体ゲノムの全配列を用いた系統解析も一般的に行われている。これは，ゲノムスキミング法という方法の普及による（Kurata et al., 2022）。この方法は，次世代シーケンサーを使用してゲノム配列全体を低い頻度（0.1～1x）で読み，高頻度で含まれている DNA 配列をマッピングにより再構成する方法である。葉緑体ゲノムと ITS は 0.1x で十分再構成可能なことがわかっており（Straub et al., 2012），キク科アザミ属では 1 サンプル当たり 5 Gb の塩基配列を得ることで十分であった。その後，得られた配列をすでに配列が決まっている種の葉緑体ゲノム配列にマッピングして各種の葉緑体 DNA 全配列（約 15 万 bp ほど）を決定することが可能となる。前述のように，Illumina 社の次世代シーケンサーは，短い DNA 断片を多量に読むので，標本 DNA を使用することが可能であり，生植物からのサンプルで必要な DNA の断片化のステップがいらないくらいである。もちろん，標本を破壊するので，生の材料が入手可能な場合は，安易な標本の利用は控えるべきであるが，すでに絶滅している種や，海外産の植物で，現在サンプルの入手が困難な種の場合でも，標本を利用してデータを得ることが可能である。実際，標本を用いて植物の葉緑体全ゲノム配列を得ている研究は少なからず発表されている（Zeng et al., 2018）。このようにして DNA 配列の解析に用いられた

標本は，多少の部分が失われることになるが，研究の証拠標本および配列情報が添付されている標本として，標本自体の価値も高まることになる。そのため，研究発表後には，標本所蔵機関へのフィードバックや，標本への論文情報を記したラベル添付を行う責任も生じる。

ターゲットキャプチャー法

ターゲットキャプチャー法とは，断片化させた全 DNA に，目的のゲノム領域と相補的なプローブを混合し，ハイブリダイゼーションによって目的部分を含む DNA 断片を選択的に濃縮する方法である。使用するプローブにより，どのゲノム領域を濃縮するかが選択可能であり，次世代シーケンサーを用いることによって 1000 領域を超える配列を一度に得ることが可能となる。問題は，すべての生物に適用できるプローブはほとんどなく，対象分類群ごとに独自のプローブセットを作成しなければならないことであり，この過程は時間とコストがかかる。しかし，現在ではさまざまな用途のプローブセットが多様な分類群を対象に開発されて入手可能となっている。植物では，被子植物を対象とした 353 遺伝子座のプローブセット（Johnson *et al.*, 2019）やキク科植物を対象とした 1061 遺伝子座のプローブセット（Mandel *et al.*, 2014）が購入可能となっている。

ターゲットキャプチャー法は，標本 DNA を用いた系統解析にも使用されており，脊椎動物（Bailey *et al.*, 2015; McCormac, 2016），昆虫類（Blaimer *et al.* 2016; Knyshov *et al.* 2019; Van Dam, 2017）などで使用されている。植物においても標本からの大規模なターゲットキャプチャーによる塩基配列取得パイプラインが考案されている（Folk *et al.*, 2021）。

全ゲノム解析およびリシーケンス

標本 DNA は，その生物の全ゲノムを解読する際にも使用されている。すでに絶滅している生物では，その DNA 配列を解読するには，博物館などに保存されている標本を利用する以外に手段がない。このような標本を利用して全ゲノム配列が解読された例は，リョコウバト（Murray *et al.*, 2017）やフクロオオカミ（Feigin *et al.*, 2018）などがある。また，博物館所蔵の標本ではないが，マンモス（van der Valk *et al.*, 2021）でも全ゲノム配列が決められている。

過去からの集団遺伝学的変化を追う目的でも，標本 DNA は活躍する。同種で全ゲノム配列がすでに決定されていれば，そのゲノム配列を参照配列として，標本

から得られた配列を貼り付けていくリシーケンスという方法を用いることにより，比較的少ないリード深度数で，全ゲノム配列を得ることが可能となる。

　被子植物のモデル生物としてさまざまな研究に用いられているシロイヌナズナに近縁な野生植物にハクサンハタザオという植物がある。森長ほかは山の高地と低地での適応に関係する遺伝的特性を特定するために，現生の集団間における全ゲノム比較による研究を行なった（Kubota *et al.*, 2015）。その研究を発展させ，時空間的な適応遺伝子の動態を明らかにするために，過去に採集された標本を用いて集団の遺伝子構成の変化を追跡した。植物標本の採集時，通常は重複標本を作り，複数の植物標本庫で共有する。また小型の草本植物の場合は1枚の標本シートに複数の個体を添付することが多く，それに加え，有名な山では複数の採集者が同時期に独立して採集していることがある。伊吹山はまさにそのような場所であり，特に山の上部にはイブキハタザオと呼ばれる多毛になる品種が分布することから，ハクサンハタザオの標本は各年代にわたり多数の個体が国内の標本庫に所蔵されている。このような状況から，約100年前の標本から現在まで，ハクサンハタザオの遺伝子が，時代ごとに山の下部から上部にかけて，どのように変化するかを観ることが可能となった（久保田ほか，2017）。

　これまで述べてきた通り，標本DNAを用いた系統学や遺伝学の解析技術は急速に進化しており，従来では不可能であった新しい研究成果が次々と生まれている。今後も新たな解析方法とその応用研究が登場し，博物館などに所蔵されている標本の研究資源としての価値もますます高まるであろう。しかし，多くの場合，標本DNAを取り出す際には，標本の一部を破壊することになる。最初に述べたように，これらの標本は，長年にわたって集められた人類の大切な財産である。だからこそ，安易に標本を破壊してDNAを取得することは避けるべきであり，絶対に必要な場合に限り，標本管理者と綿密な相談を行い，理解を得てから使用することが大切である。

引用文献

Adamowicz, S. J. 2015. International Barcode of Life: Evolution of a global research community. *Genome* **58**: 151–162.

Baird, N. A. *et al.* 2008. Rapid SNP discovery and genetic mapping using sequenced RAD markers. *PLOS ONE* **3**: e3376.

Bailey, S. E. *et al.* 2015. The use of museum samples for large-scale sequence capture: A study of congeneric horseshoe bats (family Rhinolophidae). *Biological Journal of the Linnean Society* **117**: 58–70.

Blaimer, B. B., *et al.* 2016. Sequence capture and phylogenetic utility of genomic ultraconserved elements obtained from pinned insect specimens. *PLOS ONE* **11**: e0161531.

Cridland, J. M. *et al.* 2018. Genome sequencing of museum specimens reveals rapid chages in genetic composition of honey bees in California. *Genome Biology and Evolution* **10**: 458–472.

Feigin, C. Y. *et al.* 2018. Genome of the Tasmanian tiger provides insights into the evolution and demography of an extinct marsupial carnivore. *Nature Ecology & Evolution* **2**: 182–192.

Folk, R. A. *et al.* 2021. High-throughput methods for efficiently building massive phylogenies from natural history collections. *Applications in Plant Sciences* **9**: e11410.

GBIF. 2021. GBIF Science Review 2020. https://www.gbif.org/document/6yWPsmfxuJ7YFuHtbMsqbt/gbif-science-review-2020. (最終アクセス 2024 年 8 月 21 日)

Gelabert, P. *et al.* 2020. Evolutionary history, genomic adaptation to toxic diet, and extinction of the Carolina parakeet. *Current Biology* **30**: 108–114.

Green, R. E.*et al.* 2010. A draft sequence of the Neandertal genome. *Science* **328**: 710–722.

Hebert, P. D. N. *et al.* 2003. Barcoding animal life: cytochrome c oxidase subunit 1 divergences among closely related species. *Proceedings of the Royal Society B: Biological Sciences* **270** (Suppl 1): S96–S99.

Hughey, J. R. *et al.* 2016. Mitogenome of *Mytilus trossulus* (Mytilidae, Bivalvia) isolated from a 1920 herbarium specimen. *Mitochondrial DNA Part B* **1**: 452–453.

Hykin, S. M. *et al.* 2015. Fixing formalin: a method to recover genomic-scale DNA sequence data from formalin-fixed museum specimens using high-throughpue sequencing. *PLOS ONE* **10**: e0141579.

IPBES. 2019. Summary for policymakers of the global assessment report on biodiversity and ecosystem services of the Intergovernmental Science-Policy Platform on Biodiversity and Ecosystem Services. *Population and Development Review* **45**: 680-681.

伊藤元己. 2017. ミュゼオミクス―博物館とバイオインフォマティックスのクロスロード. 遺伝 **71**: 438–441.

岩崎貴也ほか. 2019. 腊葉標本 DNA の MIG-seq 法による利用可能性・解析手法の検討. *Science Journal of Kanagawa University* **30**: 89–96.

Johnson, M. G. *et al.* 2019. A Universal probe set for targeted sequencing of 353 nuclear genes from any flowering plant designed using k-medoids clustering. *Systematic Biology* **68**: 594–606.

Knyshov, A. *et al.* 2019. Cost-efficient high throughput capture of museum arthropod specimen DNA using PCR-generated baits. *Methods in Ecology and Evolution* **10**: 841–852.

Kubota, S. *et al.* 2015. A genome scan for genes underlying microgeographic-scale local adaptation in a wild *Arabidopsis* species. *PLOS Genetics* e1005361.

久保田渉誠ほか. 2017. 100 年前の標本を使用したゲノム解析. 遺伝 **71**: 448–453.

Kurata, S. *et al.* 2022. From East Asia to Beringia: reconstructed range dynamics of *Geranium erianthum* (Geraniaceae) during the last glacial period in the northern Pacific region. *Plant Systematics and Evolution* **308**: 28.

Mandel, R. B. *et al.* 2014. A target enrichment method for gathering phylogenetic information from hundreds of loci: An example from the Compositae. *Applications in Plant Sciences* **2**: apps.1300085.

McCormack, J. E. 2016. Sequence capture of ultraconserved elements from bird museum specimens. *Molecular Ecology Resources* **16**: 1189–1203.

Meusnier, I. *et al.* 2008. A universal DNA mini-barcode for biodiversity analysis. *BMC Genomics* **9**: 214.

Mikheyev, A. S. *et al.* 2017. Museum genomics confirms that the Lord Howe Island stick insect survived extinction. *Current Biology* **27**: 3157–3161.

Miller, M. R. *et al.* 2007. Rapid and cost-effective polymorphism identification and genotyping using restriction site associated DNA (RAD) markers. *Genome Research* **17**: 240–248.

Murray, G. G. R. *et al.* 2017. Natural selection shaped the rise and fall of passenger pigeon genomic diversity. *Science* **358**: 951–954.

Mundy, N. I. *et al.* 1997. Skin from feet of museum specimens as a non-destructive source of DNA for avian genotyping. *The Auk* **114**: 126–129.

Nakahama, N. 2021. Museum specimens: An overlooked and valuable material for conservation genetics. *Ecological Research* **36**: 13–23.

Nakahama, N. & Y. Isagi. 2017. Availability of short microsatellite markers from butterfly museum and private specimens. *Entomological Science* **20**: 3–6.

Rowley, D. L. *et al.* 2007. Vouchering DNA-barcoded specimens: Test of a nondestructive extraction protocol for terrestrial arthropods. *Molecular Ecology Notes* **7**: 915–924.

Šarhanová, P. *et al.* 2018. SSR-seq: Genotyping of microsatellites using next-generation sequencing reveals higher level of polymorphism as compared to traditional fragment size scoring. *Ecology and Evolution* **8**: 10817–10833.

Sugita, N. *et al.* 2020. Non-destructive DNA extraction from herbarium specimens: A method particularly suitable for plants with small and fragile leaves. *Journal of Plant Research* **133**: 133–141.

Straub, S. C. K. 2012. Navigating the tip of the genomic iceberg: Next-generation sequencing for plant systematics. *American Journal Botany* **99**: 349–364.

Suyama, Y. & Y. Matsuki. 2015. MIG-seq: an effective PCR-based method for genome-wide single-nucleotide polymorphism genotyping using the next-generation sequencing platform. *Scientific Reports* **5**: 16963.

Van Dam, M. H. *et al.* 2017. Ultraconserved elements (UCEs) resolve the phylogeny of Australasian smurf-weevils. *PLOS ONE* **12**: e0188044.

van der Valk, T. *et al.* 2021. Million-year-old DNA sheds light on the genomic history of mammoths. *Nature* **59**: 265–269.

Waku, D. *et al.* 2016. Evaluating the phylogenetic status of the extinct Japanese otter on the basis of mitochondrial genome analysis. *PLOS ONE* **11**: e0149341.

Zeng, C.-X. *et al.* 2018. Genome skimming herbarium specimens for DNA barcoding and phylogenomics. *Plant Methods* **14**: 43.

第7章　標本を対象としたシーケンス解析

兼子 伸吾 （福島大学共生システム理工学類）

I. 最も手軽な DNA データの収集

　対象となるサンプルの塩基配列の決定とその配列比較は，最も基本的な DNA データの解析方法の1つである。その手法はすでに確立されており，筆者が学生時代の 2000 年頃と比べても，その根幹はほとんど変わっていない。高性能な試薬や手頃な価格の受託 DNA シーケンスサービスの登場により，マイクロピペットとミニゲル泳動と撮影装置一式，サーマルサイクラー等の基本的な機器があれば，植物の腊葉標本等からでも DNA シーケンス（塩基配列）データを得ることが可能である。実際，筆者が自分の実験室を立ち上げたときに，植物の腊葉標本を対象にしたシーケンス解析を最初の研究テーマに設定した。最低限の設備で実施でき，サンプルの数が限定されることも多いために消耗品費も少なくて済む。新設の実験室ならば標本のような微量な DNA 解析で心配されるコンタミネーションのリスクも少ない。ある程度の期間，不特定多数の研究者や学生が使用した実験器具はどのような DNA で汚染されているかわからない。ふだんの研究ではそのような微量な DNA は影響しない手法やプロトコルを用いているため問題とならないものの，標本の解析では微量に残存する DNA が検出されてしまうこともある。そのような理由で，多分に自身の予算と研究環境によって決定されたテーマであった。しかし，標本でシーケンス解析が可能であることがわかったときは本当に嬉しかったし，紆余曲折を経て論文（Sato *et al.*, 2018）になったときにはさらに多様な標本を用いた解析に挑戦したくなった。植物の腊葉標本であれば本書でも紹介されている非破壊 DNA 抽出法（Sugita *et al.*, 2020）と組み合わせれば，失敗して失われるサンプルも予算も最小限で済む。また，その他の種類の標本であっても工夫次第で得られるデータがあることも多いだろう。興味があるテーマがあれば皆さんにも是非挑戦してもらいたい。

2. 短断片用の PCR プライマー：150 bp が目安

　通常のシーケンス解析であれば，まずは近縁種などで利用されているプライマーやユニバーサルプライマーを使用して目的領域の PCR 増幅を行うことが多い。しかし，標本から抽出した DNA の PCR 増幅ではこうした通常のプライマーペアは使えないと考えたほうがよい。通常のシーケンス解析に使用される PCR プライマーは数百〜千 bp 以上の長断片を増幅するように設計されていることがふつうであるが，標本サンプルに残る DNA は短く断片化していることが多く，長断片を増幅するプライマーではうまく PCR 増幅ができないことがほとんどである。したがって，より短い断片を増幅する PCR プライマーを独自に設計し PCR を試すこととなる。

　短い断片と言及したが，具体的にはどれぐらいの長さを増幅するプライマーペアがよいのだろうか？　筆者は，100〜150 bp 程度を増幅するような PCR プライマーを設計することが多い。筆者の経験では，150 bp 未満の断片を目的領域とするプライマーが，標本をはじめとする断片化した DNA において PCR 増幅が良好な印象があり，シーケンス解析用の PCR でも，マイクロサテライト遺伝子座の PCR であっても共通しているようである。どのような理由で 150 bp 未満の断片が残存しているかはよくわからないものの，他の研究者も同じような意見を持っていることが多い。DNA 分子の化学的な状態や加水分解のされ方など，何らかの理由があるものと思われる。

3. PCR プライマーの設計：案ずるより産むが易し

　独自のプライマーを設計する際に研究者が決めるべきことは 2 つある。「対象となる生きもののゲノムのどこにプライマーを設計するのか」という点と「どんなプライマーを設計するのか」という点である。まず，「どこにプライマーを設計すべきか」は，目指す研究の内容次第であるものの，前述のような残された短い断片のどこの塩基配列を読むのか？　ということである。つまり 1 塩基単位のピンポイントの塩基配列情報とそれらの組み合わせから何がいえるのか，という問いを検討することになる。

　一般に，古い標本を対象としたシーケンス解析は，種同定や集団同定において効果を発揮することが多い。標本と現存する種について，葉緑体やミトコンドリアといったオルガネラ DNA の配列において種間や集団間で異なる配列を有する領域を比較できれば，「分類形質が残っていない標本の種同定」や「すでに消滅した

集団が現存する集団のどれに近いか?」といった問題の解決に重要なデータとなるからである。あるいは1塩基の変異によって機能の異なる遺伝子があれば,その標本となった個体が持っていた機能的な特徴も明らかにできるかもしれない。

　ユニバーサルプライマーを用いた解析であれば,データを取ってみて,おもしろそうなことがないか考える,ということもある。しかし,標本の解析の場合,仮説と塩基配列を知りたい場所を1塩基単位で明確にして研究を始める必要がある。そして,どこを読むべきかという問いに対する答えは,すべて先行研究のなかにある。データベースなどで候補となる種の塩基配列情報を集め,種間や集団で異なる配列を有する部位をはさみ込むように,Primer 3(Rozen & Skaletsky, 2000; https://bioinfo.ut.ee/primer3-0.4.0/)のようなツールを使用してプライマーを設計すればよい。

　どのようなプライマーを設計すべきかについては,実験しやすいアニーリング温度設定などはあるものの,基本的には設計ソフトにお任せで大丈夫である。条件を設定し,配列を読みたい場所1か所につき,プライマー設計ソフトが推奨してくるプライマーを複数選ぶとよい。筆者がよく使用する設計条件は,使用予定の *Taq* ポリメラーゼが推奨するアニーリング温度を中心に $\pm 3°C$ 程度であり,プライマー長は20〜25 bp 程度の長さを基本としている。プライマーの設計に際してよりよいとされている配列パターンはあるものの,この段階ではあまりプライマーの配列にこだわる必要はない。設計されたプライマーのどれからよい結果が得られるかを事前に知ることは難しい。結果的に PCR で特異的な増幅が得られればよいプライマーである。

　ここで Sato *et al*. (2018) において設計したプライマーの1つを紹介する。この研究では80年以上前に福島県で採取され,イワキアブラガヤ *Scirpus hattorianus* (カヤツリグサ科)として記載された標本が,北米に分布する同種とされている植物と葉緑体の *ndh*F 領域において同一のハプロタイプを持つかどうかを検証した。イワキアブラガヤとセフリアブラガヤ *S. georgianus* などの近縁種では,先行研究によって決定された葉緑体の *ndh*F 領域における157番目の塩基に多型が存在する(Léveillé-Bourret *et al*., 2014)。そこで,157番目の塩基配列を目的部位として,112番目の塩基を起点とするフォワードプライマーと222番目の塩基を起点とするリバースプライマーのペアを設計し Scirpus ndhF 157 と名付けた(Sato *et al*., 2018; 図1)。想定した PCR 産物の断片長はプライマーを合わせて 111 bp である。150 bp 未満のシーケンスデータといえども,複数の領域でこのようなプライマーを設計し,多型情報をいくつか知ることができれば,対象サンプルの塩基配列の特徴について,

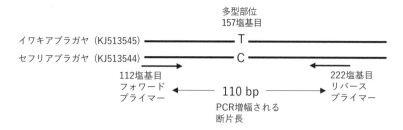

図1 Sato *et al.*(2018)で設計された Scirpus ndhF 157 というプライマーセットにおける多型とプライマーの位置関係

種同定等の目的を達成可能な情報を得ることができる。イワキアブラガヤの研究では，福島県レッドデータブックで絶滅植物とされていたイワキアブラガヤが実は北米からの移入種であったこと，80 年以上前に福島県で採集された個体は純粋な系統ではなく近縁種と交雑していた可能性があること，2016 年に発見された北海道のイワキアブラガヤは福島の個体とは別の系統であることなど，本種にまつわる興味深い事実が明らかとなった。

最近はプライマーの合成サービスも安価になっている。例えば，ユーロフィンジェノミクス社（https://eurofinsgenomics.jp/jp/home.aspx）では，一定数以上のプライマーの合成を依頼すれば，そのままシーケンス反応にも使用できる OPC 精製グレードでも 12 円／塩基で購入可能である（2023 年 1 月現在）。PCR 増幅に必要なフォワードとリバースそれぞれ 22 塩基からなるプライマーの合成を依頼しても，1 ペア 528 円である。PCR 増幅しなければその時点でまったく使えなくなってしまう独自設計のプライマーであるが，どんどん作ってどんどん試してみる方が，結果的には早くデータが得られることが多い。

4. PCR：困ったときの試供品と必須のネガティブコントロール

短い配列を増幅するための PCR は，古い標本から抽出した DNA であっても通常の PCR と基本的に同じプロトコルで行う。しいて違いを挙げるならば，古い標本から抽出された DNA は微量であることが多いため，増幅効率の高い PCR 用試薬を使用すること，実験環境における対象種の DNA 汚染の状況をモニタリングするためにネガティブコントロールを必ず加えること，くらいである。PCR 用試薬は製品によって増幅時の正確性の高さや増幅効率などが異なるが，筆者は QIAGEN Multiplex PCR Kit（QIAGEN 社）を使用している。これは比較的増幅効率が高いこ

とに加え，この実験キットに含まれる PCR 酵素の *Taq* ポリメラーゼは通常の *Taq* ポリメラーゼよりも熱変性が起こりにくいために，実験に不慣れな学生も扱いやすいという些末な理由である。ということで，まずはふだん実験室で使っている PCR 用試薬で実験してみるとよい。ふだん使用している製品でうまくいかない場合には，他の製品に変えることで状況が改善することもある。新製品の高品質な PCR 用試薬はメーカーや販売店が試供品を提供している場合もあるので，それらを入手して試してみるのもよい。自分のサンプルでよく増えるのがわかっていれば新たな試薬も買いやすい。

　ネガティブコントロールについては，実験環境における DNA 汚染の状況を把握するうえで重要である。ユニバーサルプライマーを使用する場合には，想定していない他種の DNA が増幅してしまうことがあるので特に注意が必要である。筆者の研究室でも，共用のプライマー溶液にアツモリソウの DNA が混入したことがあり，トウダイグサやタニギキョウの実験でアツモリソウの配列が出てくる事件があった。いざ塩基配列データが取れたと思ってデータを確認した際に，まったく想定外の種や別の研究プロジェクトの対象種の配列が並んでいるのを見るのは，悲しいものである。また，特異的なプライマーを設計している場合でも，対象種の別サンプルの DNA で汚染されている場合は，その DNA を検出してしまい，肝心な標本のデータが取れない事態も起こりうる。確実にデータを取るために，標本サンプルと冷凍保存された葉などの通常サンプルでは，実験する場所を分ける，ピペットを変える，PCR に使用する水は既製品（キット等に付属のもの）を使用する，不用意に濃度の濃いテンプレート DNA を使用しない等の予防措置を講じておくとよい。逆にポジティブコントロールについては，サンプル間のコンタミネーションのリスクを抑えるために，常時加える必要はなく，最低限でよいと考えている。

5. ミニゲル電気泳動と PCR 産物の精製

　PCR が終了したら，次はミニゲル電気泳動で増幅産物の確認である。古い標本から抽出した DNA の PCR 増幅は，標本の状態によっては難易度が高いものも多い。しかし，残されているテンプレート DNA の状態は，標本の外観からはわからないと考えたほうがよい。きれいな緑色が残る植物標本でも増幅しないこともあれば，茶色に変色した植物標本でよい結果が得られることもあり，結局 PCR 増幅するかどうかで判断するしかない。そして仮に失敗しても，*Taq* ポリメラーゼやアニーリング温度，PCR のサイクル数，使用するプライマーペア等，実験条件を見直すなどして，

時間と予算の許す限り，めげずに挑戦してもらいたい。

　PCR 増幅は，少しの条件の調整で劇的に結果が改善することが多々ある。筆者のこれまでの経験では，アニーリング温度を 3℃ 下げるだけで急によく PCR 増幅するようになったことがある。また，QIAGEN Multiplex PCR Kit（QIAGEN 社）では失敗続きだった PCR 増幅が，KAPA Taq PCR Kit（Kapa Biosystems 社）の使用により，ほとんどすべてのサンプルで増幅するようになったこともあった。データの重要性と使える予算や時間を総合的に判断しつつ挑戦を続けることは，個人の経験という点でも研究室としての知識の蓄積という点でも，決して無駄にはならない。

　PCR 後の反応液には PCR で使用されなかったプライマーや dNTP が残っているため，精製を行う必要がある。これは，次の工程であるシーケンス反応（塩基配列決定のための蛍光ラベリング）において，これらの残存プライマーや dNTP が悪影響を及ぼさないようにするためである。PCR 産物の精製は，ExoSAP-IT PCR Product Cleanup Reagent（Applied Biosystems 社）や illustra ExoProStar（Cytiva 社）などの酵素による精製が安価かつ手軽である。PCR 産物に，試薬を必要量添加し，サーマルサイクラーによる 37℃ の酵素反応と 80℃ の酵素の失活で処理が完了する。

6. シーケンス反応と塩基配列の決定：
お手軽な受託シーケンスサービス

　筆者が大学院生の頃は，PCR 精製産物を鋳型に BigDye Terminator（Applied Biosystems 社）という高価なピンク色の試薬を用いたシーケンス反応，反応産物の精製を経てジェネティックアナライザーで塩基配列を決定していた。ところが近年，維持費や機器の更新費用が確保できないという事情や，外注によるシーケンス解析やマイクロサテライトなどのフラグメント解析が安価になったことから，研究室や大学等の組織内にジェネティックアナライザーを持っていないところも増えてきた。筆者の学生時代の DNA 関連データのほぼすべてを取得してくれた Applied Biosystems 社の 3100 シリーズは 2011 年にサポートが終了した。その後，福島大学で現在の実験室を構えた際に，隣の研究室から譲り受けた 3130 シリーズも 2022 年にサポートが終了してしまった。時代の移ろいを感じるが，自前の機器でDNA シーケンスを行うことは今後ますます減ってくると思われる。

　自前の機器で DNA シーケンスを行わないことは，大学等の教育機関では多少の問題もある。しかし，研究におけるデータの取得という意味では，受託シーケンスサービスを利用すればまったく問題ない。例えばユーロフィンジェノミクス社

（https://eurofinsgenomics.jp/jp/home.aspx）の DNA シーケンスサービスでは，最も安い
ものでサンプル当たり 350 円（税別，2022 年 9 月現在）で解析を依頼できる。
筆者自身も研究室にジェネティックアナライザーを所有しているものの，費用対効
果の点からシーケンス解析については受託サービスを利用することがほとんどであ
る。また，シーケンス反応と塩基配列決定の原理については，"sanger sequencing"
で WEB 検索すれば，わかりやすい解説ページや動画が数多くヒットするので，参
照していただきたい。受託業者の指示に従って PCR 産物あるいは精製済みのサン
プルを調整し送付すれば，数日間でシーケンスデータが送られてくるはずである。
納品されたデータは Windows なら Sequence Scanner Software v2.0（Thermo Fisher
Scientific 社），MacOS なら 4Peaks（Nucleobytes 社）などのフリーのソフトウェアを
使えば，波形データとして確認できる。

7. 波形データの取り扱い：目視で十分なことも

　明瞭な波形データが得られれば，フォワード側とリバース側からの配列を結合し，
MEGA 11（Tamura *et al.*, 2021）などのソフトウェアを使用してアライメントする，とい
った流れは通常のシーケンス解析と同じである。あるいは標本の配列だけに着目す
るのであれば，波形の目視確認で十分なこともある。多型があるサイトはプライマ
ーの設計時に把握しているため，標本のサンプルについてそのサイトの塩基を確認
すれば，必要な情報は収集できる。特に多型の少ない植物の葉緑体DNAであれば，
想定している場所以外に多型があることはほとんどない。シーケンスデータではなく，
一塩基多型（SNP）マーカーによるデータとしてとらえるなら，そのような運用も可
能である。

引用文献

Léveillé-Bourret, É. *et al.* 2014. Searching for the sister to sedges (*Carex*): resolving
　　relationships in the Cariceae-Dulichieae-Scirpeae clade (Cyperaceae). *Botanical*
　　Journal of the Linnean Society, **176**: 1–21.

Rozen, S. & H. Skaletsky. 2000. Primer3 on the WWW for General Users and for Biologist
　　Programmers. *In*: Misener, S. & S. A. Krawetz. (eds.) Bioinformatics Methods and
　　Protocols. Methods in Molecular Biology™, vol 132. Humana Press.

Satoh, K. *et al.* 2018. Genetic analysis of Japanese and American specimens of *Scirpus*
　　hattorianus suggests its introduction from North America. *Journal of Plant*
　　Research **131**: 91–97.

Sugita, N. *et al.* 2020. Non-destructive DNA extraction from herbarium specimens: a method particularly suitable for plants with small and fragile leaves. *Journal of Plant Research* **133**: 133–141.

Tamura, K. *et al.* 2021. MEGA11: molecular evolutionary genetics analysis version 11. *Molecular Biology and Evolution* **38**: 3022–3027.

第8章 標本 DNA における
マイクロサテライト解析の手法

中濱 直之（兵庫県立大学・兵庫県立人と自然の博物館）

マイクロサテライト解析とは？

　マイクロサテライト解析は，ゲノム中に散在する単純反復配列（マイクロサテライト）領域の多型性を利用した解析手法である。ATATATAT や GTCGTCGTCGTCGTC などといった塩基配列の単純反復配列は，その繰り返し数に変異が起こりやすい。複数のマイクロサテライトマーカーを使用することにより非常に高い確率で個体を特定できるほどの解像度を持つことから，集団の遺伝的多様性や遺伝構造の把握のほか，親子解析などにも用いられる。その解析手法の詳細については『森の分子生態学（種生物学会編，2001）』および『森の分子生態学2（津村・陶山編，2012）』を参照してほしい。

マイクロサテライト解析手法

　通常のマイクロサテライト解析は，以下の流れとなる。
　①複数のマイクロサテライトマーカー（プライマーのペア）を用いて，マルチプレックス PCR を行う。
　②サンガーシーケンサーを用いたフラグメント分析により，マルチプレックス PCR 産物の長さを計測する。

標本に適したマイクロサテライト解析のプロトコル（標本用にアレンジした箇所は太字で示した）

　・マーカー開発

　マイクロサテライト解析には基本的に種特異的なマーカーを用いる。対象種や近縁種でマーカーが開発されていない場合，独自に開発を行う必要がある。以前は

大腸菌を用いたマイクロサテライト領域のクローニングが主流であった。現在は次世代シーケンサーにより大量のゲノム配列を取得し，それらからマイクロサテライト領域を抽出し，プライマーを設計するのが効率的である。なお，マイクロサテライト領域は SSR (simple sequence repeat) 領域とも呼ばれる。ゲノム中のタンパク質の非コード領域に多いが，一部はコード領域に存在する。主に非コード領域のマイクロサテライト領域を利用して開発されるマーカーは gSSR (genomic SSR) マーカー，コード領域のマイクロサテライト領域を利用して開発されるマーカーは EST-SSR (expressed sequence tag-SSR) マーカーと呼ばれて区別される。EST-SSR マーカーのほうが突然変異の起こる速度が小さいため，近縁種にも利用する可能性がある場合は EST-SSR がより適している。次世代シーケンサーによる塩基配列の取得方法は多岐にわたるためここでは割愛する。また，プライマー設計時の注意点については『森の分子生態学 2』で詳細がまとめられているので，そちらを参照されたい。

標本のマイクロサテライト解析をする際に最も重要な点は，**繰り返し配列全長（繰り返し数にもよるが通常は数十 bp 程度）を含めつつ，マーカーの PCR 産物長をできるだけ短くすることである**。QDD (Meglécz et al., 2010; 2014) や Msatcommander (Faircloth, 2008)，MISA (Beier et al., 2017) など，塩基配列からマイクロサテライト領域を抽出し，プライマーを設計するソフトウェアが開発されている。その際に PCR 産物長は，できる限り短くしておくのがよい（ただし，サイズスタンダードの関係から，サイズスタンダードの種類次第ではあるが最短でおよそ 50 bp 程度は必要）。これまでの経験上，PCR 産物長が 70〜150 bp 前後であれば，数十年前の昆虫の乾燥標本からでもコンスタントに成功している。

またすでにマイクロサテライトマーカーが設計されている生物種の場合，必ずしも PCR 産物長が標本に適した長さとなっているとは限らない。**長い PCR 産物を増幅するマーカーしか開発されていない場合は**，Primer3Plus (https://www.bioinformatics.nl/cgi-bin/primer3plus/primer3plus.cgi; Untergasser et al., 2007) などを用いて，マーカーが開発された箇所の塩基配列からプライマーを設計し直すことも有効だろう。

・抽出 DNA の修復

標本 DNA のような劣化が進行している DNA サンプルの場合は，ある程度の修復が可能である。本手法はマイクロサテライト解析にとどまらず他の手法にも応用可能だが，せっかくなのでここで紹介したい。New England Biolabs Japan Inc. より発売されている NEBNext FFPE DNA Repair Mix を用いることで，ニック，ギャップ，

第 8 章　標本 DNA におけるマイクロサテライト解析の手法　　*145*

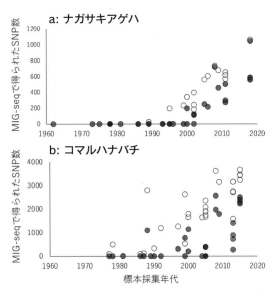

図 1　NEBNext FFPE DNA Repair Mix を用いた，MIG-seq による昆虫標本から得られた SNP 数（中濱ほか，未発表）

サンプルの共有遺伝子座率を 0.1 以上に設定し，次世代シーケンサーから得られたリード数が 50000 以下のものは解析から除外したために，SNP 数をゼロとしている。○は NEBNext FFPE DNA Repair Mix による DNA の修復処理をしたサンプルで，●（●はデータが重なっている）は DNA の修復処理をしていなかったサンプルを示す。ナガサキアゲハとコマルハナバチのどちらも修復処理をすることで，1990 年代以降のサンプルでは得られる SNP 数が増加している。この結果は MIG-seq によるものであるが，マイクロサテライトにも適用可能だろう。

シトシンの脱アミノ化（ウラシル化），酸化，3' 末端ブロックなどの塩基配列のダメージを修復することが可能である。筆者が以前に昆虫標本で試したところ，同じく集団遺伝解析手法である MIG-seq 法（multiplexed ISSR genotyping by sequencing，次世代シーケンサーを用いたゲノムワイドな SNP 解析。詳細は**第 9 章**を参照）では，より古い標本からも多くの遺伝子座を解析することが可能となったなど，大幅な改善が見られた（図 1）。高価な試薬ではあるが，次のような推奨プロトコルより反応液量を減らしても問題ないようだ（Sproul & Maddison, 2017）。筆者は，推奨プロトコルの 1/6 量で実施している（中濱ほか，未発表）。また，プロトコルでは AMPure XP（ベックマン・コールター社）などを用いた精製を推奨しているが，特に精製の必要はない（Sproul & Maddison, 2017）。

（反応組成，推奨プロトコルの 1/6 の反応液量）

テンプレート DNA（上記修復済み反応液もそのまま可）

9.0 μL

FFPE DNA Repair Buffer（10×）

1.0 μL

NEBNext FFPE DNA Repair Mix

0.3 μL

合計	10.3 μL

① チューブの側面にそれぞれを順番に入れ，ピペッティングをした後にスピンダウン（すべて氷上で実施）

② 20℃で 15 分間インキュベート

※プロトコルではその後ビーズ精製を推奨しているが，PCR を実施する場合には不要である。

・PCR プロトコル (以下はあくまで一例)

（反応組成）

テンプレート DNA	0.80 μL（最大 2 倍量まで調整可能）
蒸留水	（全体が 5.0 μL となるように適宜調整）
Forward primer（1 μM）	0.05 μL ×マーカー分
Reverse primer（10 μM）	0.10 μL ×マーカー分
M13 tailed primer（10 μM）	0.05 μL ×マーカー分
2x QIAGEN Multiplex PCR Master Mix	2.50 μL
合計	5.00 μL

※なお，上記では蛍光付きプライマーの購入価格を抑えるために M13 tailed primer を使用している（Boutin-Ganache *et al.*, 2001）。通常，蛍光付きプライマーは一般的なプライマーと比較して非常に高価であり，特にマーカー開発の段階で，それぞれマーカーごとに蛍光付きプライマーを購入すると最終的に巨額の費用が掛かる。M13 tailed primer は，特定の配列に蛍光を付加したもので，さらに Forward primer の 5' 末端側に M13 tailed primer と同じ配列を付加することによって，蛍光付きプライマーの購入数を抑えることができる。 詳しくは Guichoux *et al.* (2011) で紹介されているので参照されたい。ただし，これが標本からの解析にどのような影響を

及ぼすかは現時点ではよくわかっていない。もしも悪影響を及ぼす可能性がある場合は，Forward primer に直接蛍光を付加する必要があるかもしれない。

  （反応条件の例）
      95℃ 15:00
      94℃ 0:30 ⎫
 57℃ (Annealing Tem.) 1:30 ⎬ ×35回（標本の場合は2～5
      72℃ 1:30 ⎭ 程度サイクル数を増やす。最大40回程度）
      72℃ 10:00
      4℃ 10:00 （回収まで）

PCR からフラグメント分析まで

　標本でしばしば問題となるのが，ゴーストアレルの存在である。ゴーストアレルとは，本来は存在するはずなのに配列が断片化していることによってうまく PCR がかからず，結果的に存在しないように見えるアレルのことである。特にヘテロ接合個体の場合はどちらか片方が増幅しないことで結果的にホモ接合と見えてしまい，遺伝的多様性の過小評価につながるという重大な問題がある。なお，このゴーストアレルは，しばしばマイクロサテライト解析で話題となる「ヌルアレル」や「半ヌルアレル」とは別物であることに注意してほしい。詳しくは『森の分子生態学 2』を参照してほしいが，プライマーの部位と結びつく配列の変異によって本来あるはずのアレルが検出されない現象を「ヌルアレル」，検出されたりされなかったりする現象を「半ヌルアレル」と呼ぶ。

　これを回避するためには，PCR を独立に複数回（3 回程度）行い，これらを混合してからフラグメント分析を行うのがよい。基本的にゴーストアレルはランダムに生じるため，複数回 PCR を実施しておくと，ヘテロ接合個体でもいずれかの PCR によってどちらのアレルも増幅できる可能性が高まる。

　フラグメント分析は通常の解析とまったく変わらないため，ここでは割愛する。なお，GeneMapper や GeneScan などのソフトで結果を確認すると，稀に非特異的な増幅（2 倍体の生物でアレルが 3 つ以上検出されるなど，本来はないはずのアレルが検出されるパターン）をしているケースがある。PCR のサイクル数を通常より増やした場合，またアニーリング温度を下げた場合には非特異的増幅の生じるリスクが大きくなりやすい。この場合は，再解析をするか，もしどうしても改善しない場合はそのマーカーを使用しないなどの対策が必要となる。

引用文献

Beier, S. *et al.* 2017. MISA-web: a web server for microsatellite prediction. *Bioinformatics* **33**: 2583–2585.

Boutin-Ganache, I. *et al.* 2001. M13-tailed primers improve the readability and usability of microsatellite analyses performed with two different allele-sizing methods. *Biotechniques* **31**: 25–28.

Faircloth, B. C. 2008. MSATCOMMANDER: Detection of microsatellite repeat arrays and automated, locus‐specific primer design. *Molecular Ecology Resources* **8**: 92–94.

Guichoux, E. *et al.* 2011. Current trends in microsatellite genotyping. *Molecular Ecology Resources* **11**: 591–611.

Meglécz, E. *et al.* 2010. QDD: a user-friendly program to select microsatellite markers and design primers from large sequencing projects. *Bioinformatics* **26**: 403–404.

Meglécz, E. *et al.* 2014. QDD version 3.1: A user‐friendly computer program for microsatellite selection and primer design revisited: Experimental validation of variables determining genotyping success rate. *Molecular Ecology Resources* **14**: 1302–1313.

Sproul, J. S. & D. R. Maddison. 2017. Sequencing historical specimens: successful preparation of small specimens with low amounts of degraded DNA. *Molecular Ecology Resources* **17**: 1183–1201.

種生物学会 (編). 2001. 森の分子生態学:遺伝子が語る森林のすがた. 文一総合出版.

津村義彦・陶山佳久 (編著). 2012. 森の分子生態学 2. 文一総合出版.

Untergasser, A. *et al.* 2007. Primer3Plus, an enhanced web interface to Primer3. *Nucleic Acids Research* **35**: W71–W74.

コラム3　博物館標本を用いた同位体分析研究

松林 順 (福井県立大学 海洋生物資源学科)

はじめに

　博物館標本を用いた分析化学的な研究手法としては，本書が主な対象としている遺伝子解析技術が有名である。一方で，遺伝子解析と同様に博物館標本ととても相性の良い分析手法であり，まだまだ研究の余地が残されている分野として同位体分析を用いた生態学研究が挙げられる。そこで，本コラムでは博物館標本を用いた研究を志す，またはそうした研究に興味を持つ皆様にできる限り同位体分析の魅力を伝えるべく，筆者がこれまでに手掛けた研究とその方法について概説する。とりあえず同位体分析の応用例について知りたいという方は，「**4. 考古試料の同位体分析により復元した，過去のヒグマの食性変化**」から読むことをお勧めする。

1. 同位体とは何か

　本題に入る前に，まずは同位体とは何かについてかみ砕いて説明する。皆さんは，「純粋な水でできた氷を純粋な水の入ったコップに入れたとき，その氷は水に浮くか？　それとも，水に沈むか？」という問いに答えられるだろうか？　多くの方は迷わず「浮く」と回答するだろう。氷は水よりも体積が大きく，比重も 0.92 と小さいので当然だ。しかし，同位体を利用すると，質問の条件を満たしたまま「水に沈む氷」を作り出すことができる。H_2O を構成する水素（^1H）を重水素（^2H）に交換した重水は，^1H で構成される軽水よりも約 1.11 倍の質量となるため，氷となって体積が大きくなってもその比重は 1 を超える。このため，重水でできた氷は通常の軽い水に沈むようになる。軽水と重水はどちらも純粋な H_2O であるため，質問の条件は満たされている。この水素のように，元素の種類を決める陽子数（＝ 原子番号）は同じだが，質量数が異なる原子を同位体と呼ぶ。同位体の質量数の違いは，原子核を構成する中性子の数によって決まっている。

2. 同位体の構成割合に関する表記法

　自然界に存在する軽元素（周期表の第3周期までに含まれる元素）では，最も軽い同位体の存在比率が圧倒的に高く，その他の重い同位体の存在比率は極端に小さい場合が多い。例えば，窒素であれば軽い同位体である ^{14}N の自然存在比が 99.634%，重い同位体である ^{15}N の存在比が 0.366%となっている。したがって，ある2つの生物 A と B の重い窒素同位体の存在比を比較したときに，A が 0.367%，B が 0.365%という結果が出ても，桁が大きくてその変動がいまひとつわかりにくい。そこで，同位体分析の世界では，まず測定試料の同位体の存在比（$^{15}N/^{14}N$：同位体比）を算出し，それを予め決められた標準物質の同位体比からの差（δ 値）として表すことにした。式にすると以下のとおりである。

$$\delta^{15}N = \frac{^{15}N_{sample}\ /^{14}N_{sample}}{^{15}N_{standard}\ /^{14}N_{standard}} - 1$$

　窒素の場合，国際標準物質は空気中の窒素であり，同位体の存在比は上述した自然存在比に等しい。先ほど例示した生物 A の同位体比の δ 値を算出すると，

$$\delta^{15}N_A = \frac{^{15}N_{sample}\ /^{14}N_{sample}}{^{15}N_{standard}\ /^{14}N_{standard}} - 1 = \frac{\frac{0.367}{99.633}}{\frac{0.366}{99.634}} - 1 = 0.00274$$

となる。同様に $\delta^{15}N_B$ は，-0.00272 である。しかし，まだ桁が大きくてわかりにくい。そこで，δ 値を千分率（‰）で表現してみる。$\delta^{15}N_A = 2.74‰$，$\delta^{15}N_B = -2.72‰$ となり，かなりその違いがわかりやすくなった。このようにある物質の同位体の構成割合を表記する場合には，δ 値の千分率（‰）で表記される場合が多く，これは軽い同位体に対する重い同位体の存在比の大小を意味している。

3. 同位体比で何がわかるのか

　それでは，生物の同位体比を測ることで何がわかるのだろうか。同位体は，基本的な化学的性質は同じだが，反応速度が異なるという特徴がある。このため，化学反応により基質から生成物が生じるとき，残った基質と生成物の間では同位体比が異なってくる（このような同位体比の変化を同位体分別という）。生物においては，捕食者が食物を同化する際に，多くの場合軽い窒素や炭素同位体を含む分子が選択的に排出され，結果として捕食者の体組織には重い同位体を含むアミ

ノ酸がより多く残されることになり，捕食者の同位体比が被食者に比べて上昇する。このときの同位体分別を α とすると，捕食者の同位体比は，被食者の同位体比 $+\alpha$ となる。つまり，α の値がわかれば，同位体比からその生物が何を食べていたのかを推定することが可能となる。一般的に α の値は分析する種や組織によって異なるため，給餌試験等により個別に決定される。これ以降は，哺乳類の骨コラーゲン（骨の中に含まれるタンパク質）全般に適用されている α の値を適用した研究について紹介する。

4. 考古試料の同位体分析により復元した，過去のヒグマの食性変化

　同位体分析の大きなメリットの1つに，過去の試料にも適用できるという点がある。具体的には，遺跡などから出土した骨に同位体分析を適用できる。このため，考古学の分野では，同位体分析が盛んに用いられている。生態学においては，遺跡から出土する動物骨は，人為的な影響が及んでいない時代の情報を得るための最高の参照試料となる。そこで，考古試料の同位体分析により北海道に生息するヒグマの食性の歴史的変化を復元した研究（Matsubayashi et al., 2015）を紹介する。

　ヒグマは雑食性の大型哺乳類であり，ほぼ完全に草食性の個体から，サケやシカなどの動物質を多く利用する個体までさまざまである。特に，ヒグマはサケを捕食することで，海由来の栄養源を陸域生態系へと輸送する。このため，ヒグマとサケが織り成すつながりは，陸域の物質循環においても重要な役割を果たしていると考えられている（Helfield & Naiman, 2006）。同位体分析は，ヒグマが一生のうちにどの程度動物質の資源を利用したかを評価するうえで有用であり，草食の個体と比較して，陸上動物を多く利用した個体は体組織中の窒素同位体比が，海産物を多く利用した個体は窒素と硫黄の同位体比が高くなる。したがって，炭素・窒素・硫黄の3つの元素を用いることで，植物・陸上動物・海産物の寄与率を明確に分離することが可能となる。

　本研究では，北海道内の遺跡や貝塚等から出土したヒグマの遺骨を多数の博物館および埋蔵文化財センターよりご提供いただき，これらを分析することで過去から現代までのヒグマの炭素・窒素・イオウ安定同位体比の変化を復元した。分析の結果，明治政府による北海道の開拓が本格化した19世紀半ば以降に，ヒグマによるサケおよび陸上動物の利用が急激に低下したことが明らかになった（図1）。サケの利用減少については，ダムや堰などの河川工作物の影響でサケが上流まで遡上できなくなり，かつ沿岸部の開発によりヒグマが下流部に接近できなくなった

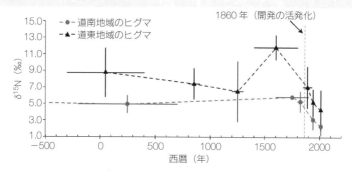

図1 ヒグマの窒素安定同位体比（δ¹⁵N）の歴史的変化
1860年以降，サケや陸上動物（エゾシカ・昆虫）の利用の指標となるδ¹⁵N値が急激に低下した。

ことが要因と考えられる。一方，陸上動物の利用低下の原因を推定することは難しいが，イエローストーン国立公園では，ヒグマはオオカミが群れで狩りをした有蹄類を横取りすることで，より多くの動物質資源を獲得しているといわれている（Tallian et al., 2022）。北海道においてもヒグマとエゾオオカミ，エゾシカが同様の生物間相互作用を持っていたとすれば，19世紀に起きたエゾオオカミの絶滅によって，エゾオオカミが捕獲したエゾシカをヒグマが横取りできる環境も失われた可能性がある。このように，本研究では博物館標本の同位体分析により，人の活動が北海道のヒグマの食性を大きく変化させたことを強く示唆する結果が得られた。また，その後の研究では，歴史的なヒグマの食性の変化により，一部の個体群のオスで体サイズの小型化が生じた可能性が示された（Matsubayashi et al., 2016）。

5. 絶滅したエゾオオカミの食性復元

　かつて日本には北海道にエゾオオカミ，本土にニホンオオカミが生息していた。かれらはどのような暮らしをしており，他の生物とはどのような関係を持っていたのだろうか。絶滅後の現在では，それを知る術は残されていないかに思われた。しかし，骨が残っていたらどうだろうか。同位体分析による食性復元を実施することで，当時のオオカミの生活の一端を垣間見ることができるかもしれない。そこで，本研究では北海道内の遺跡から出土した7個体分のエゾオオカミの骨を複数の博物館よりご提供いただき，炭素・窒素の同位体比を測定することで，その食性を復元した（Matsubayashi et al., 2017）。

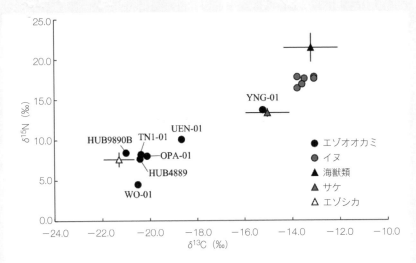

図2 エゾオオカミ（および飼いイヌ）とその餌資源の炭素・窒素安定同位体比値の散布図

多くのエゾオオカミはエゾシカに近い値だが，UEN-01 と YNG-01 の2個体は海産物の値に近く，海産物を多く利用していたと考えられる。イヌの同位体比は，Naito et al. (2010) および Tsutaya et al. (2014) より引用。

　分析の結果，7個体中5個体は，栄養源のほぼ100%を陸上動物に依存していた。しかし，残りの2個体では，海産物がそれぞれ栄養源の33.1%，78.6%を占めていた。海産物のなかでは，サケの寄与率が特に高く，それぞれ31.1%，44.7%と推定された。これより，エゾオオカミ個体群の一部では，海産物に強く依存した食性を持っていたことが明らかになった。かれらが自然状態で海産物を多く利用していたとすれば，エゾオオカミは草食動物の個体群を調整するだけでなく，ヒグマと同様に海由来の栄養源を陸域へと運搬する役割も担っていたことになる。海産物に強く依存した食性を持つオオカミの個体群は，カナダのブリティッシュコロンビアでも報告されており，"海辺のオオカミ（coastal wolves）" と呼ばれている（Darimont et al., 2003）。

　ただし，エゾオオカミが自然状態以外で海産物を利用した可能性も考えられる。それは，ヒトによる飼育または給餌である。当時，ヒトに飼育されていたイヌは，魚や海獣などの海産物をほぼ100%与えられていたことがわかっている（Tsutaya et al., 2014）。本研究で使用したエゾオオカミの同位体比値は，これらのイヌの値とは

異なっているため（図2），これらの個体が一生を通じて飼育されていた可能性は低い。ただし，ある程度野生下で成長してから生け捕りにされて，数年間海産物を与えて飼育された可能性は除外できない。これらのオオカミが飼育された個体かどうかを区別するには，さらなる研究が必要となるだろう。

6. 骨の精密分析による時系列同位体比分析手法

これまで大腿骨を用いた分析では，死亡前の数十年〜一生分の平均的な同位体情報が反映されると考えられてきた。ここで，もし骨の分析から同位体比の時系列変化を復元することができれば，同位体分析の応用範囲がさらに広がるだろう。時間的な解像度にもよるが，食性の季節・経年変化や移動履歴の復元まで，これまでできなかった研究につながる可能性がある。

最後に紹介する研究では，大腿骨を成長方向に連続的に分析することで，同位体比の時系列変化を復元できることを明らかにした（Matsubayashi & Tayasu, 2019）。ここで用いたのは，これまでに紹介してきた安定同位体ではなく，時間とともにその濃度が変化する放射性同位体である。陸上生物に含まれる放射性炭素同位体比は，近年（1963年以降）の試料で測定すると，その炭素が固定された年代を正確に推定できる "時計" のような使い方ができる。特に1965〜1990年にかけては，放射性炭素同位体比が急速かつ単調に低下していることから（図3），この間に生きていた動物を用いれば，大腿骨に何年分の同位体情報が蓄積されているかを検証できるはずだ。

そこで，北海道大学植物園および栃木県立博物館に所蔵されていた複数の動物骨試料をご提供いただき，入手した大腿骨を成長方向に複数の切片に切り分けて，それぞれ放射性炭素同位体比による年代推定を行った。分析の結果，多くの個体で大腿骨内の部位により放射性炭素同位体比に違いがあることが判明した。得られた放射性炭素同位体比から切片ごとに形成年代を推定し，同一個体の大腿骨内において比較したところ，大腿骨の中にはニホンザルで3〜6年，ニホンジカで3〜4年，高齢のヒグマではなんと15年以上の間の同位体比の履歴が保存されていることが明らかになった。一方，ニホンカモシカでは部位ごとの明瞭な差が検出されなかったことから，骨に食性の履歴が保存される期間は，種または個体の成長速度や年齢等によって変動すると考えられる。

以上のように，骨を成長方向に分割して同位体比を測定することで，数年分の同位体情報を復元できることが明らかになった。霊長類では，顕微鏡観察により

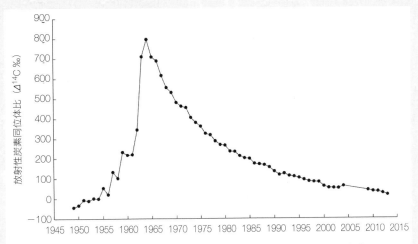

図3　1949年以降の日本における大気中の放射性炭素同位体比の年変化（Suetsugu et al. 2020 を改変して作成）

　1950年から大気核実験により急激に大気中の放射性炭素同位体比が上昇し，部分的核実験禁止条約が締結された1963年にピークとなる。その後，放出された放射性炭素は，海洋に吸収されることで徐々に減衰している。

骨の部位をより限定して分析することで，同位体比の季節変動までを復元できることも明らかになっている（Maggiano et al., 2019）。こうした新しい分析手法は，骨の同位体分析を用いた生態学研究を飛躍的に発展させるポテンシャルを持っている。また，博物館に保存されている，世界各地から収集されたさまざまな動物の骨格試料と，技術的な発展を続ける同位体分析を組み合わせれば，幅広い範囲の研究への応用が期待できる。にもかかわらず，日本において生態学的な研究で博物館標本の同位体分析が実施された事例は，きわめて限られている。その理由の1つとして，同位体分析は破壊分析であり，標本の保存を重視する博物館には敬遠されているように思われる。しかし，同位体分析の技術革新は試料の微量化においても著しく，より少ない量で，より正確な分析が可能になってきている。また，博物館の職員の方は分析に関して理解があり，データを取ることの重要性を評価していただける場合が多い。本稿をきっかけに，博物館試料の同位体分析研究に興味を持っていただければ幸甚である。

引用文献

Darimont, C. T. *et al.* 2003. Foraging behaviour by gray wolves on salmon streams in coastal British Columbia. *Canadian Journal of Zoology* **81**: 349–353.

Helfield, J. M. & R. J. Naiman. 2006. Keystone interactions: salmon and bear in riparian forests of Alaska. *Ecosystems* **9**: 167–180.

Maggiano, C. M. *et al.* 2019. Focus: Oxygen isotope microanalysis across incremental layers of human bone: Exploring archaeological reconstruction of short term mobility and seasonal climate change. *Journal of Archaeological Science* **111**: 105028.

Matsubayashi, J. *et al.* 2015. Major decline in marine and terrestrial animal consumption by brown bears (*Ursus arctos*). *Scientific Reports* **5**: 1–8.

Matsubayashi, J. *et al.* 2016. Testing for a predicted decrease in body size in brown bears (*Ursus arctos*) based on a historical shift in diet. *Canadian Journal of Zoology* **94**: 489–495.

Matsubayashi, J. *et al.* 2017. Reconstruction of the extinct Ezo wolf's diet. *Journal of Zoology* **302**: 88–93.

Matsubayashi, J. & I. Tayasu. 2019. Collagen turnover and isotopic records in cortical bone. *Journal of Archaeological Science* **106**: 37–44.

Naito, Y. I. *et al.* 2010. Quantitative evaluation of marine protein contribution in ancient diets based on nitrogen isotope ratios of individual amino acids in bone collagen: an investigation at the Kitakogane Jomon site. *American Journal of Physical Anthropology* **143**: 31–40.

Suetsugu, K. *et al.* 2020. Some mycoheterotrophic orchids depend on carbon from dead wood: novel evidence from a radiocarbon approach. *New Phytologist* **227**: 1519–1529.

Tallian, A. *et al.* 2022. Of wolves and bears: Seasonal drivers of interference and exploitation competition between apex predators. *Ecological Monographs* **92**: e1498.

Tsutaya, T. *et al.* 2014. Carbon and nitrogen isotope analyses of human and dog diet in the Okhotsk culture: perspectives from the Moyoro site, Japan. *Anthropological Science* **122**: 89–99.

第9章　標本DNAからMIG-seqでゲノムワイド変異を調べる

岩崎 貴也（お茶の水女子大学 基幹研究院）

はじめに

本章では，標本DNAを用いたMIG-seq（multiplexed ISSR genotyping by sequencing）解析について紹介する。MIG-seqとは，Suyama & Matsuki（2015）で開発されたゲノム縮約法によるゲノムワイド変異解析手法である。この手法では，$(ACT)_n$や$(CTA)_n$などの単純反復配列（SSR; simple sequence repeat）にはさまれた領域（ISSR; inter simple sequence repeat）をPCRによって増幅した後，その部分の塩基配列を次世代シーケンサーで解読し，SNP（single nucleotide polymorphism）などの変異を検出する。程度の差はあれ，SSR配列は生物のゲノム中に広く存在する。そのため，SSR配列を元にした共通のプライマーセット（Suyama & Matsuki, 2015では，set-1としてForwardプライマー8種類，Reverseプライマー8種類のMultiplex PCR用のセットを推奨している）を用いた1回のMultiplex PCRをするだけで，ゲノム中の数千〜数万か所程度を増幅できる。手順の詳細は原著論文に詳しいので省くが，この1st PCRによって増幅されたPCR産物について，短断片除去と濃度のノーマライゼーションを行う。その後，それを鋳型とし，対象配列の外側にアダプター配列とバーコード（インデックス配列）を付けるための2nd PCRを行い，ミックスして精製・濃度調整をすれば，次世代シーケンサーで解析するためのライブラリが完成する（一般に，Tailed PCR法と呼ばれるライブラリ調整の方法）。アニーリング温度を38℃に下げるなどの改良がされた最新のプロトコルについては，Suyama et al. (2022) を同時に参照されたい。また，日本語での解説（陶山，2019）もわかりやすいため，本章ではMIG-seqそのものの説明はできるだけ省略し，標本，特に植物の腊葉（押し葉）標本のDNAをMIG-seq解析に用いる際に筆者が注意している点を中心に紹介する。

ただし，標本中のDNAの分解速度は，分類群や保存方法によって大きく異なる。

本章で紹介する内容は，筆者が植物を対象に行ったこれまでの研究での経験や成果に基づいており，植物以外では注意点などが異なる可能性があることに注意されたい。昆虫では，10～23年前に作製されたアリの標本を対象に，DNA 抽出の際の溶解時間を 48 時間に伸ばすなどの工夫を加えることで十分な MIG-seq データが得られたという報告もあり（Eguchi et al., 2020），工夫次第では古い標本でも十分なデータを得ることができるかもしれない。ただし，昆虫の乾燥標本では，殺虫の方法と保存方法によっては，わずか 12 か月ほどで 710 塩基の DNA 断片の増幅成功率が半分ほどに減少することも報告されており（Nakahama et al., 2019），DNA の長期保存に適した方法を用いていない標本（Nakahama et al., 2019 では，プロピレングリコールに筋肉組織を漬けて保存することが推奨されている。第 12 章参照）では，植物以上に注意が必要かもしれない。

1. 植物標本からの DNA 抽出法

　植物標本からの葉片サンプルの採取方法は，本書の岩崎・大西の章（第 14 章）に記載したので，そちらを参照されたい。その後の標本由来の葉片サンプルからの DNA 抽出で，筆者が気をつけているのは主に以下の 3 点であり，他は通常の現生サンプルでの DNA 抽出とほぼ同じである。
　① DNA の収量を減少させる可能性があるため，カラムを用いるキットは使用しない。
　②コンタミなどで貴重な葉片組織を無駄にしないよう，サンプルの粉砕は 2 mL チューブ（SSI 社の耐衝撃性マイクロチューブ 2641-0B を推奨）の中でビーズを用いて行う（乳鉢・乳棒での破砕は行わず，チューブの中で完結させる）。
　③サンプル粉砕時のステンレスビーズは 5 mm ビーズ 1 つと，2 mm ビーズ 2 つを用い，ビーズと葉片を入れたチューブを丸ごと液体窒素に沈めて完全に凍らせた状態で破砕することで，葉片をできるだけ細かく，パウダー状にまで粉砕する（このときに十分な粉砕ができていないと，DNA の収量が低下する）。

　筆者は，Promega 社の Wizard Genomic DNA Purification Kit を用い，最初の Nuclei lysis solution を加える前に奥山・川北（2012）を参考にした PVP-HEPES バッファーによる洗浄ステップを追加した改変プロトコルで DNA 抽出を行っている。ただし，この洗浄ステップは対象植物に含まれるポリフェノールや多糖類などを除去するためであり，標本由来サンプルに特別に必要なものではない。対象種の現生サンプルでこの操作が必要ない場合には，同じ種の標本サンプルからの DNA 抽出時

にも不要である．他に，標本によってはタンパク質が変性してDNAと結合してしまい，DNAの単離を困難にしている場合が考えられる．その場合には，奥山・川北（2012）を参考に，粉砕した葉片にNucleic lysis solution 600 µLを加えて温めるステップで，20 mg/mLのプロテイナーゼKを15 µL加えることでタンパク質を分解し，DNAの収量増加を試みるようにしている．まだ十分な検証ができていない未発表データではあるが，この改変によって一部の標本では得られるDNA量が改善されている．ここで筆者が一般によく使用されるCTAB法ではなくキットを使用しているのは，クロロホルムやイソアミルアルコール，フェノールなどの人体に有害な薬品をできるだけ使用しないようにするためである．したがって，すでにCTAB法や他の方法でのDNA抽出を行っている研究室の場合は，基本的に同じ抽出方法をベースとし，上で述べたような点に注意した方法を適用すれば問題ないだろう．最近では，古代DNAを抽出するためのプロトコルを用いた方がよいという報告もあり（Marinček et al., 2022），標本からのDNA抽出方法についてはまだ改善の余地があると思われる．また，非破壊の標本DNA抽出方法（Sugita et al., 2020）で得られたDNAでMIG-seq解析に成功した例もある（中濱ほか，未発表）．

2. PCRによるDNA増幅（1st PCR）

　DNAが得られた後，MIG-seq解析で良好なデータが得られるかどうかは，ゲノムワイドにISSR領域を増幅する1st PCRのステップが成功するかどうかが強く影響する．ただし，これはやってみないとわからない部分が大きいため，筆者は2nd PCR以降を共同研究者（筆者の場合は東北大・陶山研）に依頼する場合でも，自分で1st PCRとアガロースゲル電気泳動までを行い，問題なく増幅できていることを確認してからサンプルを送付するようにしている．その際には，PCRに用いるテンプレートDNAの濃度を変えたり，PCRのサイクル数を変えたりすることで，①200〜800 bp付近（Nakahama et al., 2022を参照）にスメアな（＝連続的につながった）バンドが見られ，かつ，②一部の領域だけが増幅されてしまったと思われるシャープなバンドが出現しない，という条件を満たす結果が得られるようにしている．1st PCRのサイクル数はできるだけ少ない方が②のシャープなバンドが現れにくいため，上限を30サイクルにしたうえで，①のスメアなバンドが薄くでもいいので確認できる最小のサイクル数にするとよいだろう．通常のサンガーシーケンスを目的としたPCRでは，目的の領域だけを増幅したシャープなバンドが得られれば成功だが，ゲノムワイドに多数のISSR領域を増やすMIG-seqでは，連続的につながったスメアなバ

ンドが得られるようにしなければならない。また，標本 DNA の MIG-seq 解析では，同じ量のシーケンスデータが得られても，そこから検出できる遺伝子座数が少ない傾向がある（岩崎ほか, 2019）。これは標本 DNA が分解されて低濃度になっていること以外に，1st PCR のサイクル数を増やしている影響で特定の遺伝子座だけが偏って増幅されていること（PCR バイアス）も影響していると思われる。この影響を緩和するためには，同じテンプレート DNA から複数回の 1st PCR を独立に行って最後まで実験を行い，得られたシーケンスデータを後で統合して解析に用いるといった方法が有効と考えられる（岩崎ほか, 2019）。また，このように実験を行えば，本来はヘテロ接合の遺伝子座なのに，片方のアレルの PCR だけがたまたまうまくいかず，誤ってホモ接合として検出されてしまうという問題が起きる可能性も減らすことができる。ちなみに，一般的な MIG-seq 解析のプロトコルで得られるリード数（1 サンプルにつき，数十万リード）では，得られる遺伝子座数がまだ飽和していないことが多いため，リード数を増やせば増やすほど，得られる遺伝子座数は増加する（岩崎ほか, 2019）。独立した複数回の実験を標本 DNA について行うことで，PCR バイアスを減少させるとともに，シーケンスのリード数も増やすことができ，現生サンプルと比較できる良好なデータが得られる可能性を高められるだろう。

3. データ解析時の注意

　1st PCR で良好な結果が得られたあとは，通常の 2nd PCR 以降の実験操作を行い，シーケンスデータを得る。ただし，標本 DNA を対象とする場合は，データ解析でも注意した方がよい点がある。まず，標本 DNA には標本に付着したカビなどの DNA が混入している可能性がある。MIG-seq は幅広い生物種で使用可能なプライマーセットで PCR 増幅を行うため，こうした外部由来 DNA を増幅してしまっているかもしれない。そのため，同じ種の現生サンプルと一緒に行う解析であれば，現生と標本の両方で共通して得られる遺伝子座だけを用いるようにするとよいだろう。これは，例えばソフトウェア Stacks（Catchen *et al.*, 2011）の popmap オプションで現生集団と標本集団を認識させ，両方でジェノタイピングされた遺伝子座だけを populations の機能で出力する（-p 2 のオプションで，現生集団と標本集団の 2 集団両方で検出されている遺伝子座だけを出力する）などの方法で簡単に解決できる。また，標本などの古い DNA の場合，シトシン（C）の脱アミノ化（ウラシル化）によって変化したウラシル（U）がアデニン（A）と結合してしまい，PCR 増幅の際にもともとはシトシン（C）であった塩基がチミン（T）に置換されてしまう現象が知

られている（Brotherton *et al.*, 2007）。この問題については，DNA 分子のニックやギャップ，酸化，3' 末端ブロック，そしてシトシンの脱アミノ化を修復できるとされる FFPE Repair 処理などを行うことで改善できる可能性がある。ただし，数年～数十年前に作製された標本の DNA で，かつ MIG-seq で最終的に得られる遺伝子座が数百～数千程度であることを考えると，得られた SNP データセットのなかにその変異が含まれている可能性はそこまで高くないと思われる。また，FFPE Repair 処理も完璧ではないと思われるため，その処理をしたからといってすべての SNP が信用できるとは限らない。MIG-seq で得られる数百～数千程度の SNPs を用いた解析であれば，現生集団で全て C，標本集団で C と T が混じるような SNP は使わないようにするといった程度の対策で十分かもしれない。標本個体しかない場合には，C と T の塩基置換についてはすべての解析から除いた方が安心だろう。ちなみに，FFPE Repair 処理によって，MIG-seq の 1st PCR の増幅効率が改善されるのではないかと期待して検証実験を実施したところ，若干の改善はみられたものの，少なくとも顕著なレベルの効果までは検出できなかった（岩崎ほか, 2019）。ただし，微量な標本 DNA からのショットガンゲノムシーケンス用ライブラリ作製の際には，FFPE Repair によってライブラリ作製の効率が明らかに改善したことが報告されており（Sproul & Maddison, 2017），筆者の実験では別の要因から顕著な効果が出なかっただけで，MIG-seq 用のライブラリ作製でも良い効果が得られる可能性は十分にある。

4. そのほかの手法

MIG-seq 以外に，同じようなゲノム縮約法によるゲノムワイド変異解析手法としては，2 種類の制限酵素によって DNA を切断し，その制限酵素認識部位に挟まれた領域の塩基配列を解析する ddRAD-seq (<u>d</u>ouble <u>d</u>igest <u>r</u>estriction site <u>a</u>ssociated <u>DNA</u> <u>seq</u>uence; Peterson *et al.* 2012) がよく用いられている。しかし，標本 DNA のように断片化が進み，かつ微量の DNA だと，制限酵素処理が安定しないことが多いため，良好なデータを得るのは難しいと思われる。最近では他に，TOYOTA によって開発された GRAS-Di (<u>g</u>enotyping by <u>r</u>andom <u>a</u>mplicon <u>s</u>equencing-<u>Di</u>rect; Enoki & Takeuchi, 2018; Enoki, 2019; Hosoya *et al.*, 2019) と呼ばれるゲノムワイド変異解析手法も注目されている。この手法では，最初に PCR によるゲノム縮約を行う点では MIG-seq と似ているものの，MIG-seq が SSR 配列を元に 1st PCR を行うのに対し，3 塩基のランダムな配列を元にしたプライマーセットで 1st PCR を行う。この方法で増幅できる領域は，ISSR 領域よりも変異が入りにくいと考えられるため，遠縁な生物

間でも MIG-seq より共通の遺伝子座が得られやすいことが期待される。また，最終的に得られる遺伝子座数も数千〜数万と MIG-seq よりも多いようであるが，これは読み取るリード数などの影響を大きく受けるので単純な比較はできない。この手法については TOYOTA が特許を取得しているため，解析を行うにはユーロフィンジェノミクス社やかずさ DNA 研究所，ジーンベイ社，生物技研社，北海道システム・サイエンス社など，TOYOTA のライセンスを取得した企業や研究機関に解析を外注する必要がある。MIG-seq と同様に PCR によるゲノムワイドな DNA 断片の増幅を最初のステップとしていることから，ある程度断片化した標本 DNA でも良好なデータが得られることが期待される。実際，筆者がテスト的に利用してみたところ，薬品燻蒸を頻繁にしている標本室に収蔵されていた 2006 年作製の植物標本ではデータが得られなかったものの，燻蒸をほとんどしていない別の標本室に収蔵されていた 1999 年と 2016 年作製の植物標本では現生サンプルとほぼ遜色ないレベルのデータが得られた（岩崎・髙橋，未発表）。

　PCR ベースの MIG-seq や GRAS-Di は，標本 DNA から比較的容易にゲノムワイドな SNP を得ることができる有用な手法である。ただし，増幅対象の DNA 領域内で DNA が切断されていた場合には，当然，その分子からは PCR による増幅ができない。そのため，断片化が極端に進んでしまった DNA ではこれらの方法であっても解析が不可能である。そのような場合には，断片化した DNA に発生したニック（切れ目）などの損傷を FFPE Repair 処理などで修復後，最初の断片化処理無しにショットガンゲノムシーケンス用ライブラリを作製して全ゲノムリシーケンスを行う，あるいは，その作製したライブラリから DNA プローブを用いたターゲットキャプチャーによって一部の領域を濃縮した後にシーケンスを行う（第 10 章を参照）などの方法を検討するとよいだろう。断片化した DNA を断片化前に戻すことはできないが，これらの方法は 100 bp 未満の短断片であってもデータを得ることができる。

5. 標本の収蔵環境の影響

　筆者の経験上，燻蒸などで DNA の断片化が早く進みやすい標本室に収蔵された植物標本だと，作製して 10〜15 年程度の標本までしか MIG-seq 解析はうまくいかないことが多い印象である。そのような標本庫の標本では，標本作製からの年数と 10 万リード当たりで得られる遺伝子座数が負の相関関係にあり，時間経過によって標本 DNA が劣化していることが示唆されている（図 1; 岩崎ほか，2019）。一方で，燻蒸がほとんどされておらず，室温も安定して低い場所の標本室（例えば，

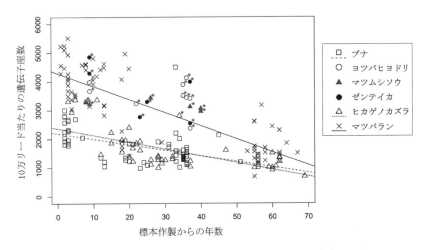

図1 標本作製年からの年数と10万リード当たりの遺伝子座数の関係（岩崎ほか，2019を改変）

遺伝子座数は，各サンプルについてustacksで得られたcontig数を，10万リード当たりの数に補正したものである。有意な相関関係が見られた3種のみで近似直線を示した。右上に＊がついた点は，長野県環境保全研究所植物標本庫（NAC）の標本であることを示している。

筆者も利用している長野県環境保全研究所植物標本庫（NAC））では，作製から35年ほど経過した標本であっても，比較的良いデータを得られることが多かった（図1; 岩崎ほか，2019）。この標本室に収蔵されていた3種（ヨツバヒヨドリ，マツムシソウ，ゼンテイカ）の標本では，標本作製からの年数と10万リード当たりで得られる遺伝子座数の間に有意な相関関係が検出されておらず，さらに古い年代の標本であってもMIG-seq解析に用いることができる可能性がある。データ取得の成否は，腊葉標本を作るときの条件や，各種の性質にも左右されるため，あくまで参考程度ではあるが，研究デザインを考える際の参考にしていただければ幸いである。

謝辞

本章を執筆するに当たり，元になった岩崎ほか（2019）の共著者である小玉あすかさん，松尾歩さん，陶山佳久教授，大西亘さん，尾関雅章さん，中濱直之さん，山本薫さんに改めて心より感謝申し上げます。また，長野県環境保全研究所植物標本庫（NAC）の柳澤衿哉さんには，標本室での作業でサポートをしてい

謝辞

ただきました。神奈川大学の泉 進教授，丸田恵美子教授，鮎澤勘太さん，志村映実さん，佐藤栞さん，櫻澤健太さん，お茶の水女子大学の髙橋弥生さんには，標本からのサンプル採取や実験などでお手伝いいただきました。これらの方々にも，心より感謝申し上げます。

なお，本章に関する研究成果の一部は，2017年度神奈川大学共同研究奨励助成金（課題名：丹沢山塊における大気汚染物質の沈着と環境影響），2018年度神奈川大学総合理学研究所共同研究助成（RIIS201807），JSPS科研費 JP18K06394，JP21K05643，JP22K06355 の支援を受けたものです。

引用文献

Brotherton, P. *et al.* 2007. Novel high-resolution characterization of ancient DNA reveals C > U-type base modification events as the sole cause of post mortem miscoding lesions. *Nucleic Acids Research* **35**: 5717–5728.

Catchen J.-M. *et al.* 2011. Stacks: building and genotyping loci de novo from short-read sequences. *G3: Genes, Genomes, Genetics* (Bethesda) **1**: 171–182.

Eguchi, K. *et al.* 2020. Revisiting museum collections in the genomic era: potential of MIG-seq for retrieving phylogenetic information from aged minute dry specimens of ants (Hymenoptera: Formicidae) and other small organisms. *Myrmecological News* **30**: 151–159.

Enoki, H. 2019. The construction of psedomolecules of a commercial strawberry by DeNovoMAGIC and new genotyping technology, GRAS-Di. Proceedings of the Plant and Animal genome conference XXVII. San Diego, CA. Retrieved from https://pag.confex.com/pag/xxvii/meetingapp.cgi/Paper/37002

Enoki, H. & Y. Takeuchi. 2018. New genotyping technology, GRAS-Di, using next generation sequencer. Proceedings of the Plant and Animal genome conference XXVI. San Diego, CA. Retrieved from https://pag.confex.com/pag/xxvi/meetingapp.cgi/Paper/29067

Hosoya, S. *et al.* 2019. Random PCR-based genotyping by sequencing technology GRAS-Di (genotyping by random amplicon sequencing, direct) reveals genetic structure of mangrove fishes. *Molecular Ecology Resources* **19**: 1153–1163.

岩崎貴也ほか. 2019. 腊葉標本 DNA の MIG-seq 法による利用可能性・解析手法の検討. *Science Journal of Kanagawa University* **30**: 89–96.

Marinček, P. *et al.* 2022. Ancient DNA extraction methods for herbarium specimens: When is it worth the effort? *Applications in Plant Sciences* **10**: e11477.

Nakahama, N. *et al.* 2019. Methods for retaining well-preserved DNA with dried specimens of insects. *European Journal of Entomology* **116**: 486–491.

Nakahama, N. *et al.* 2022. Identification of source populations for reintroduction in extinct populations based on genome-wide SNPs and mtDNA sequence: a case study of the endangered subalpine grassland butterfly *Aporia hippia* (Lepidoptera; Pieridae) in Japan. *Journal of Insect Conservation* **26**: 121–130.

奥山雄大・川北篤. 2012. 植物からの DNA 抽出プロトコル (改変 CTAB 法). 種生物学会 (編) 種間関係の生物学：共生・寄生・捕食の新しい姿, pp. 273-278. 文一総合出版.

Peterson, B. K. *et al.* 2012. Double digest RADseq: an inexpensive method for de novo SNP discovery and genotyping in model and non-model species. *PLOS ONE* **7**: e37135.

Sproul J.-S. & D.-R. Maddison. 2017. Sequencing historical specimens: successful preparation of small specimens with low amounts of degraded DNA. *Molecular Ecology Resources* **17**: 1183–1201.

Sugita, N. *et al.* 2020. Non-destructive DNA extraction from herbarium specimens: a method particularly suitable for plants with small and fragile leaves. *Journal of Plant Research* **133**: 133–141.

陶山佳久. 2019. 森林遺伝育種学的研究における MIG-seq 法の利用. 森林遺伝育種 **8**: 85–89.

Suyama, Y. & Y. Matsuki. 2015. MIG-seq: an effective PCR-based method for genome-wide single-nucleotide polymorphism genotyping using the next-generation sequencing platform. *Scientific Reports* **5**: 16963.

Suyama, Y. *et al.* 2022. Complementary combination of multiplex high-throughput DNA sequencing for molecular phylogeny. *Ecological Research* **37**: 171–181.

第10章 ターゲットキャプチャー法による遺伝情報の収集

中臺 亮介（横浜国立大学 大学院環境情報研究院）

1. ターゲットキャプチャー法とは

　ターゲットキャプチャー法とは，プローブ（本章では，目的の DNA 配列と相補性を持ち，対合する一本鎖 DNA または RNA の断片を指す）のハイブリダイゼーションにより，対象とする領域（標的配列）を選抜して濃縮し，シーケンスを行う方法の総称である。濃縮までのプロセスについては，ハイブリダイゼーション濃縮（hybridization enrichment）と呼ばれ，しばしば PCR 増幅（PCR amplification），RAD-seq，RNA-seq など他のゲノム特定領域の解析法と比較され，メリットとデメリットが議論される（Cronn *et al*., 2012; Jones & Good, 2016）。他の方法と異なり，ターゲットキャプチャー法では，ハイブリダイゼーション濃縮によって標的配列を集めるプロセスを含むので，比較的少ないシーケンス量でも標的配列を効率的に解析できることが大きな利点であろう。加えて，カバレッジ安定性の高さやクルードサンプルに強いという利点もある。ターゲットキャプチャー法はシーケンスキャプチャー法とも呼ばれることがあるため，論文などで見かけた際には注意が必要である。本章ではターゲットキャプチャー法の近年の発展と分子実験の基本的な流れを説明するとともに，関連分野の状況と今後の発展可能性について簡単に展望を述べる。

2. ターゲットキャプチャー法の対象と種類

　ターゲットキャプチャー法に関連した技術は近年急速に発展し，その利用が拡大しており，対象とする配列や分類群により異なる名前で呼ばれている。本章では，対象とする領域の選び方を基準として，保存的な領域を対象とした手法，コーディング領域（エキソン）を対象とした手法，カスタム領域を対象とした手法の3つに大きく分類して説明する。

　保存的な領域を対象とした手法では，主に Anchored Hybrid Enrichment 法（AHE;

Lemmon et al., 2012)と ultra conserved elements（UCEs）領域対象とするに結合するRNAオリゴを用いる方法（McCormack et al., 2012）の2つがよく用いられる。両者は主に動物を対象として用いられる手法で，ともにエキソンやイントロンにはこだわらず，単純に保存的な領域を対象としている。さらにUCEsの方法はAHE法と異なり，目レベルなどの分類群ごとに対象となる標的配列のプローブが設計されている（https://www.ultraconserved.org/）。植物を対象とした例では，Kew植物園の研究者らを中心とする研究グループから，被子植物すべてを対象とするプローブセットが発表されている（Angiosperms-353; Johnson et al., 2019）。加えて，植物のプローブセットでは，非被子植物をターゲットとしたプローブセットも開発されている（GoFlag; Breinholt et al., 2021）。これらにより，幅広い分類群を対象とすることが可能である。これらの手法は，集団遺伝や系統学的な研究で用いられることが多い。

次に，コーディング領域（エキソン）を対象とした手法は，（全）エクソームシーケンス（Whole exome sequencing, Whole exome capture, Whole coding sequenceなどさまざまな呼称がある）と呼ばれる。こちらは上で述べた保存的な領域を単純に標的とする手法と異なり，タンパク質をコードしている領域を対象としているため，個々の遺伝子機能や変異・適応に着目をする目的で用いられることが多い。倍数体の小麦の変異体に対して適用された例では，4倍体および6倍体の2735系統の変異体から，タンパク質をコードしている領域における1000万個以上の変異をシーケンスしてカタログ化しており，品種改良での活用が期待されている（Krasileva et al., 2017）。

最後に，カスタム領域を対象とした手法は，ターゲットキャプチャー法のなかで，今後に最も技術的な発展が期待される部分である。例えば，Restriction-site associated DNA capture 法（Rapture; Ali et al., 2016）では，通常のRestriction-site associated DNA sequencing（RAD-seq; Baird et al., 2008）とターゲットキャプチャー法を組み合わせた手法である。具体的には，まず対象としたいDNA配列の近くにある制限酵素部位に着目し，制限酵素で断片化されたサンプル中の制限酵素切断箇所にビオチン化RADアダプターを付与し，ビーズを用いて濃縮する。この後に，標的配列に結合するプローブを加え再度濃縮を行い，最終的なライブラリとしている（Ali et al., 2016）。これにより，通常のRAD-seqよりも効率良く標的配列のシーケンスが可能である（Meek & Larson, 2019）。また，別の例として，Hybridization RAD（hyRAD; Suchan et al., 2016）では，事前に他の高品質のDNAからRAD-seqにより得られた配列情報を元に，プローブの設計を行う。この作成したプローブを博

物館標本のような，通常の RAD-seq の適用が難しい DNA の断片化が進んだサンプルに用いることで，網羅性はやや落ちるものの，同じ DNA 配列を対象として情報を取得することが可能である。Rapture 及び hyRAD は Illumina 社のホームページにおいて，日本語での図付きの説明もあるため，興味のある方はそちらも併せて参考にしてほしい（Rapture; https://jp.illumina.com/science/sequencing-method-explorer/kits-and-arrays/rapture.html, hyRAD; https://jp.illumina.com/science/sequencing-method-explorer/kits-and-arrays/hyrad.html）。このようなアプローチは上記の Rapture や hyRAD のような RAD-seq との組み合わせだけでなく，MIG-seq（Suyama & Matsuki, 2015; 第9章参照）や，今後の普及が期待される GRAS-Di（Enoki et al., 2018; Hosoya et al., 2019）で選定した DNA 配列をターゲットにしたプローブを設計することで，標本 DNA の利用も活発になると期待できるだろう。また，既存のデータベースとの整合性を重要視するために，これまでよく使われてきた配列を対象とする研究例も出てきている。例えば，Kawahara et al. (2018) では，鱗翅目昆虫の系統樹作成によく使われてきた 13 の領域を対象としたプローブセット（BUTTERFLY2.0）を作成している。先行研究の知見を十分に活かした研究を行ううえでも有効な方法となるだろう。

　ターゲットキャプチャー法に適したカスタマイズプローブの設計については，主に環境微生物を対象としたものであるが，設計のためのソフトウェアの開発も実施されている（例えば，Alanko et al., 2022）。また，Daicel Arbor Biosciences 社（https://arborbiosci.com/）では，myBaits というシリーズのなかで，上述の Angiosperms-353 などの既存のプローブセットを含んだターゲットキャプチャー法のキットの販売だけでなく，カスタムプローブの設計や合成についてもサービスを提供してくれている。この myBaits のターゲットキャプチャーキットに関する主要な情報については，プライムテック株式会社の HP（https://www.primetech.co.jp/instruments/tabid/90/pdid/304/language/ja-JP/Default.aspx）で，わかりやすく日本語でまとめられている。こうしたソフトウェアやサービスを利用することで，データベースの配列情報から，個々の研究において対象としたいさまざまな分類群において新たなプローブの開発を試みることも今後さらにできるようになっていくだろう。

　上記に挙げた例は，配列や対象とする生物分類群ごとに使用するプローブが異なるだけで，名称は異なるが基本となる手法は同一であり，いずれもターゲットキャプチャー法の一種である。多くの名称が出てくるために混乱しそうになるが，自身の研究目的・材料に合わせて適切なプローブを選択することが重要である。

170　3. ターゲットキャプチャー法の流れ

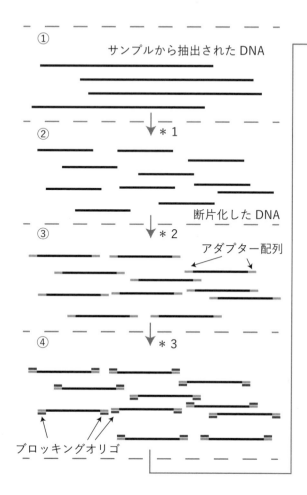

3. ターゲットキャプチャー法の流れ

　以下にターゲットキャプチャー法の分子実験の大まかな流れを記載する。特に，筆者に経験があるUCEsでの経験を元にまとめているが，基本的な実験の流れは共通している。技術的な発展が著しい分野なので，ターゲットキャプチャー法のより具体的な実験方法については，実際に手を動かす前に個々のキット（例えば，上で紹介したmyBaitsのキット）に添付されている説明書や最新の論文のプロトコルを参照してほしい。ちなみに，私が実際に実施した寄生蜂の標本を対象とした実験では，抽出したDNAを酵素により断片化した後に，NEBNext Ultra II DNA

第10章　ターゲットキャプチャー法による遺伝情報の収集　　*171*

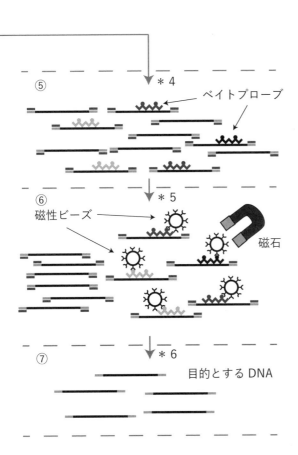

図1　ターゲットキャプチャー法の分子実験の流れ

図中のベイトプローブの色の違いは，対象とするDNA配列の違いを意味する。

Library Prep Kit（BioLabs社）を用いてライブラリを作製し，その後にプローブによる濃縮を行ったうえで，次世代シーケンサーでの解析を行った。

　以下，具体的な行程について，**図1**に沿って説明する。まず対象とする生物個体から抽出されたDNA（**状態①**）を，次世代シーケンサーで読む際に適した配列長に剪断する（断片化処理；＊1）。DNAの剪断は超音波による方法と酵素による方法の2通りがある。酵素によるDNAの剪断は塩基配列特異的なバイアスを生じることもあるため，どちらかといえば，ソニケーターによる物理的な剪断方法が望ましいように思う。ただ超音波による方法はソニケーターを必要とするため，利用で

きない場合には酵素による処理しか選択肢がないだろう。また、古い標本DNAでは、すでに断片化が進みきっている場合もあるため、この処理を必要としない場合も考えられる。そして、断片化されたDNA（**状態②**）は、エンドリペアと3′側にAヌクレオチド付加の後、アダプター配列を付加する（アダプター付加; ＊2）。さらにこのDNAにサンプル識別用のインデックスをPCRにより付加することで（＊2）、ライブラリを作成する（**状態③**）。ライブラリのアダプター配列にブロッキングオリゴを加え結合させる（ブロッキングオリゴ結合; ＊3）（**状態④**）。ここでブロッキングオリゴを加える理由は、アダプターを付加されたDNAをそのままにしておくと、アダプターどうしが非特異的な結合を引き起こしてしまうからである。これによりこの後のプロセスの効率が大きく異なることが報告されている（Hodges et al., 2009）。次に、対象とするDNA配列に結合するプローブ（実験では、ベイトプローブと呼ばれることが多い）を加える（＊4）。ここでは数千種類のベイトプローブを同時に扱うことも可能である。つまり、数千種類のDNA配列を対象とすることができる点が、マルチプレックスPCRなどの手法との最も大きな違いとなるだろう。ベイトプローブはそれぞれが対象とするDNA配列に結合する（**状態⑤**）。そこに、磁性ビーズを加え（＊5）、ベイトプローブが結合した配列を集める（**状態⑥**）。ベイトプローブによる濃縮により、すべてを目的のDNA配列のみとすることはできないが、目的外の配列数の割合を大幅に減らし、リード数の観点から効率的に目的配列の情報を取得することが可能となるだろう。最終的に集まった標的配列からプローブとビーズを洗い流す（＊6）。

　加えて、サンプルの状態によっては、対象としたい配列長で絞るサイズセレクションのステップが必要となるだろう。この場合には、**図1**のすべてのステップを終了したシーケンス用のインデックス付与前の段階で行う。ベイトプローブと磁性ビーズ間の結合については、ここでは詳細を割愛するが、興味のある読者は佐藤・木下（2020）の解説に記述があるのでそちらを参照してほしい。この作業はサーマルサイクラー上で8連ピペットを操作する必要があるので、筆者の感覚では、通常の実験デスク上で行う実験とは異なる緊張感を伴う。残った標的配列を対象として、さらにインデックスを付与する場合もある。この後、クオリティチェックの後に、複数のサンプルがある場合にはプールし、次世代シーケンサーでシーケンスを行う。佐藤・木下（2020）の論文のなかでは哺乳類を対象としたUCEsの実例について解説しているので、興味のある読者はそちらも併せて参照することをお勧めする。

4. 今後の研究展開

　生態学，進化学の分野では，ターゲットキャプチャー法は主に種間の系統関係を明らかにすることを対象として進められてきた。しかしながら，近年その利用法や対象は拡大しつつある。例えば，Hutter *et al.*（2022）はカエル（両生綱無尾目）を対象として，種内の変異を蓄積している配列を対象としたプローブセットを開発し，集団遺伝学的なアプローチへと拡大している。さらに，適応にかかわる遺伝子の探索（シマリスの標本; Bi *et al.*, 2019）や，関心のある遺伝子周辺にターゲットを集中させた Selective sweep の検出（カンジキウサギ; Jones *et al*, 2020）にもすでに応用されており，その適用例は幅広い。また，近年のロングリードシーケンス技術の発展により，ロングリードシーケンスとターゲットキャプチャー法を組み合わせた手法もすでに実用化され始めている（Twist 社のウェブサイト; https://www.twistbioscience.com/ja/products/ngs/Long-Read-Sequencing-Panels）。ターゲットキャプチャー法とその関連分野では，まだまだ技術開発の余地があると考えられるし，今後もどんどんと新たな手法が出てくるのではないだろうか。最近では，環境 DNA 分野でターゲットキャプチャー法が使われた例（例えば，Jensen *et al.*, 2021）もすでに出てきており，今後，中心的な流れの 1 つとなることが予想される。加えて，ターゲットキャプチャー法が古代 DNA で盛んに使われてきた背景から（同様にテンプレートDNA の断片化や非対象生物 DNA のコンタミによる汚染がある）標本 DNA へのさらなる普及も当然期待されるだろう（Jones & Good, 2016; Raxworthy & Smith, 2021）。他のゲノムワイド解析法と比較して，その他にもターゲットキャプチャー法には多くの利点がある（Jones & Good, 2016）。それは，一度に対象とできる DNA 配列の多さ，ターゲットセットの柔軟性（つまり，マルチプレックス PCR のようなプライマーベースの方法と比較して，プライマー間の相性やバランスを気にする必要がない），カバレッジと SNPcall の安定性など，多岐にわたる。一方で，プローブ生成の金銭的なコストや分子実験のステップの多さと複雑さなどのデメリットも存在する。今回紹介した手法群は，きわめて有用な方法であるが，必ずしも常にベストな選択とは限らないので，費用コストなどとのバランスを見てよく検討したうえで，試してみていただきたい。ただ繰り返しになるが，断片化が進んでいる標本から抽出された DNA から情報を収集するうえでは，数ある手法のなかで，第一の選択肢として一考の余地があるだろう。自身の興味がある系についても適用するべきかを検討する際には以下の総説等についても，併せて読んでみるとよいかもしれない（Jones & Good,

2016; Meek & Larson, 2019; Raxworthy & Smith, 2021）。本章を通して，ターゲットキャプチャー法に関心を持つきっかけになれば幸いである。今後のオーダーメイドのプローブ価格の下落を期待しつつ，本章を締めたい。

謝辞

本稿を作成する過程で，有用なコメントを下さった 2 名の匿名の査読者及び担当編集者に感謝を申し上げたい。本原稿に記載された知見は科研費（18J00093），環境省・（独）環境再生保全機構の環境研究総合推進費（JPMEERF20234R01）の研究遂行により得られたものである。

引用文献

Alanko, J. N. *et al.* 2022. Syotti: scalable bait design for DNA enrichment. *Bioinformatics* **38**: i177–i184.
Ali, O. A. *et al.* 2016. RAD capture (Rapture): flexible and efficient sequence-based genotyping. *Genetics* **202**: 389–400.
Bi, K. E. *et al.* 2019. Temporal genomic contrasts reveal rapid evolutionary responses in an alpine mammal during recent climate change. *PLoS Genetics* **15**: e1008119.
Baird, N. A. *et al.* 2008. Rapid SNP discovery and genetic mapping using sequenced RAD markers. *PloS ONE* **3**: e3376.
Breinholt, J. W. *et al.* 2021. A target enrichment probe set for resolving the flagellate land plant tree of life. *Applications in Plant Sciences* **9**: e11406.
Cronn, R. *et al.* 2012. Targeted enrichment strategies for next‐generation plant biology. *American Journal of Botany* **99**: 291–311.
Enoki, H. *et al.* 2018. New genotyping technology, GRAS-Di, using next generation sequencer. PAG ASIA 2018.
Hodges, E. *et al.* 2009. Hybrid selection of discrete genomic intervals on custom-designed microarrays for massively parallel sequencing. *Nature Protocols* **4**: 960–974.
Hosoya, S. *et al.* 2019. Random PCR-based genotyping by sequencing technology GRAS-Di (genotyping by random amplicon sequencing, direct) reveals genetic structure of mangrove fishes. *Molecular ecology resources* **19**: 1153–1163.
Hutter, C. R. *et al.* 2022. FrogCap: A modular sequence capture probe‐set for phylogenomics and population genetics for all frogs, assessed across multiple phylogenetic scales. *Molecular Ecology Resources* **22**: 1100–1119.
Jensen, M. R. *et al.* 2021. Genome-scale target capture of mitochondrial and nuclear environmental DNA from water samples. *Molecular Ecology Resources* **21**: 690–

702.
Jones, M. R. & J. M. Good. 2016. Targeted capture in evolutionary and ecological genomics. *Molecular Ecology* **25**: 185–202.
Jones, M. R. *et al.* 2020. The origin and spread of locally adaptive seasonal camouflage in snowshoe hares. *The American Naturalis*, **196**: 316–332.
Johnson, M. G. *et al.* 2019. A universal probe set for targeted sequencing of 353 nuclear genes from any flowering plant designed using k-medoids clustering. *Systematic Biology* **68**: 594–606.
Kawahara, A. Y. *et al.* 2018. Phylogenetics of moth-like butterflies (Papilionoidea: Hedylidae) based on a new 13-locus target capture probe set. *Molecular Phylogenetics and Evolution* **127**: 600–605.
Krasileva, K. V. *et al.* 2017. Uncovering hidden variation in polyploid wheat. *Proceedings of the National Academy of Sciences of the United States of America* **114**: E913–E921.
Lemmon, A. R. *et al.* 2012. Anchored hybrid enrichment for massively high-throughput phylogenomics. *Systematic Biology* **61**: 727–744.
Meek, M. H. & W. A. Larson. 2019. The future is now: Amplicon sequencing and sequence capture usher in the conservation genomics era. *Molecular Ecology Resources* **19**: 795–803.
McCormack, J. E. *et al.* 2012. Ultraconserved elements are novel phylogenomic markers that resolve placental mammal phylogeny when combined with species-tree analysis. *Genome Research* **22**: 746–754.
Raxworthy, C. J. & B. T. Smith. 2021. Mining museums for historical DNA: advances and challenges in museomics. *Trends in Ecology & Evolution* **36**: 1049–1060.
佐藤淳・木下豪太. 2020. 次世代シークエンス時代における哺乳類学 ~ 初学者への誘い ~. 哺乳類科学 **60**: 307–319.
Suchan, T. *et al.* 2016. Hybridization capture using RAD probes (hyRAD), a new tool for performing genomic analyses on collection specimens. *PLOS ONE* **11**: e0151651.
Suyama, Y. & Y. Matsuki. 2015. MIG-seq: an effective PCR-based method for genome-wide single-nucleotide polymorphism genotyping using the next-generation sequencing platform. *Scientific Reports* **5**: 16963.

第11章　少数個体のゲノム全長に基づく集団解析

岸田 拓士（日本大学 生物資源科学部・
ふじのくに地球環境史ミュージアム）

はじめに

タンパク質電気泳動法によるアロザイム解析に始まった集団遺伝学の野生生物への応用は，DNA塩基配列の簡易決定法——サンガー法の普及にともない，前世紀末までには，ミトコンドリアDNAの一部配列の解析が主流となった（Avise, 2000）。2020年代に入ってもまだ，ミトコンドリアDNAの部分配列のみに基づく集団解析論文は多く発表されている。しかし，今世紀に入ってから，多数のDNA分子の配列を一度に解読できる超並列シーケンサー（いわゆる次世代シーケンサー）が登場して普及したことで，状況は一変した。研究者はもはや，ミトコンドリアDNAの部分配列の解析だけで満足する必要はないのだ。実際，ホッキョクグマとヒグマの系統関係（Hailer et al., 2012）や，カマイルカの集団構造（Suzuki et al., 2023）のように，ミトコンドリアなど少数の遺伝子座の解析に基づいた研究結果がゲノム全長の解析によって覆された例は多い。理論上も，ミトコンドリアの一部分など少数の遺伝子座を多数の個体のデータを元に解析するよりも，たとえ解析個体数が少数であっても多数の遺伝子座を解析する方がはるかに結果の精度が高いことが知られている（Takahata & Nei, 1985）。それに，古い時代の遺存体をはじめとする博物館標本の遺伝解析を行う場合は解析できる標本数に限りがある場合が多いため，少数標本からでも精度の高い情報を引き出すことのできる解析方法の選択は重要である。野生生物の集団遺伝学は現在，ミトコンドリアなど少数の遺伝子座の解析から，比較的多数の遺伝子座の解析（MIG-seqやRAD-seqなど）を経て，ゲノム全長の解析が主流となる過渡期にある。本稿では，筆者自身のこれまでの研究（Kishida, 2017; Kishida et al., 2021; 2022; Moura et al., 2020; Suzuki et al., 2023）を踏まえて，ゲノム全長を解読することでどのような解析が可能となるのか，少数個

体のゲノム全長を対象としたいくつかの解析手法をピックアップして紹介する。なお，本稿では，ハプロイド（半数体）ゲノムサイズが高々5 Gbp 程度の二倍体の種を想定している。アフリカツメガエルやブラーミニメクラヘビのような二倍体でない種や，ハイギョやサンショウウオのようにゲノムサイズが大きすぎる種の場合には，本稿の内容は必ずしも当てはまらない。

1. 個体群動態の推定

　ゲノム全長の解析に基づく過去の有効集団サイズの推定は，多くの方法が知られている。代表的な方法に，PSMC（pairwise sequentially Markovian coalescent; Li & Durbin, 2011），MSMC（multiple sequentially Markovian coalescent, Schiffels & Durbin, 2014），SMC++（Terhorst et al., 2017），Relate（Speidel et al., 2019）などが挙げられる。PSMC は，わずか 1 個体のゲノムから，その個体が属している繁殖集団の過去の有効集団サイズを推定する方法である（図 1）。ある 1 個体のゲノムは，1 世代前の 2 個体のゲノムから成り，それは 2 世代前の 4 個体，……，n 世代前の 2^n 個体のゲノムから成り立っている。集団サイズは有限なので，n が十分に大きければ，2^n 個体は集団の全構成員を網羅することになる。つまり，集団中の任意の 1 個体のゲノムは，それだけである程度の世代数よりも前の時代における集団全体を代表できる。PSMC 法は，具体的には常染色体ゲノムの各領域のハプロイド間の遺伝距離の頻度分布を元に計算される。本計算を正しく行うには，性染色体やミトコンドリアに由来する配列を計算から除外しなければならない（Li & Durbin, 2011）。また，ゲノム中の相当な領域長においてヘテロ接合座位とホモ接合座位とが正しく区別される必要があるため，参照ゲノム配列にマッピングする手法をとる場合は，それなりの被覆度が要求される。ヒタキを用いた研究によると，少なくとも平均 18〜20× 以上の被覆度（カバレッジ）で参照ゲノム配列の常染色体上にマッピングされなければ安定した結果は得られないことが報告されている（Nadachowska-Brzyska et al., 2016）。参照ゲノム配列は，繰り返し配列などが N でマスク（リピートマスク）されたものを用いる必要がある。なお，PSMC プロットの横軸（時間軸）をスケーリングするためには，解析対象種の 1 年・1 座位当たりの突然変異率 u を知る必要がある。縦軸（集団サイズ軸）には，突然変異率 u に加えて，その種の平均世代時間 g も必要となる。しかし，u の値はともかく，g の値は正確にはわかっていない種も多い。こうした場合，あえて実数値にスケーリングしないままプロットする方法もある（図 1-a）。

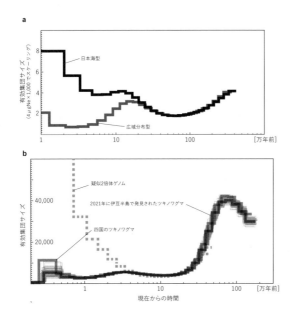

図1 常染色体ゲノム全長に基づいた PSMC 法による過去の有効集団サイズの推定例

細線はブートストラップを示す。**a**: カマイルカ *Lagenorhynchus obliquidens* の「広域分布型」と「日本海型」の例。有効集団サイズは $4ugN_e×10^3$（ただし，u は突然変異率 [per site per year]，g は平均世代時間 [year]）でスケーリングしている（Suzuki *et al.*, 2023 より改変）。**b**: 四国に生息するニホンツキノワグマ *Ursus thibetanus japonicus* 個体と，2021 年に伊豆半島で発見された同種個体の例。破線は伊豆半島と四国の個体の疑似 2 倍体ゲノムの PSMC プロットを示す（Kishida *et al.*, 2022 より改変）。

前述の通り，1 個体のゲノムだけでは，比較的最近の時代における集団全体は代表できない。このことは，比較的近年の人類活動の影響などを知りたい場合などに問題となる。これを克服するために，PSMC 法を複数個体の解析に拡張した MSMC 法が開発された。例えばヒト集団の場合，PSMC 法だと有効集団サイズの推定は 1〜3 万年ほど前までが限界なのに対して，2 個体のゲノムを元に MSMC 法で計算すると，2000〜3000 年前までの有効集団サイズがきちんとプロットされる（Schiffels & Durbin, 2014）。だが，MSMC 法を適用するには，2 倍体の各ハプロイドごとにアセンブルされた（フェージングされた）ゲノムデータが必要となる。最近の個体群動態を知りたいがフェージングされたゲノムデータが利用できない場合は，SMC++ が有力な選択肢となるだろう。解析個体数が多い場合は Relate が良いようだ。Relate は，個体群動態だけでなく正の選択圧を受けたゲノム領域の検出などといった機能も有している。意外なことに，PSMC 法でも推定可能な年代に関して PSMC，MSMC，SMC++ それぞれの結果を比較したところ，最も少ないデータに基づくはずの PSMC 法が最も正確だという報告（Patton *et al.*, 2019）がある。

2.2 集団の遺伝的分化の推定

　同種の異なる地域個体群に関して，互いにどの程度遺伝的に分化しているのか，という問題は生物の系統地理や種分化を理解するだけでなく地域個体群の保全などを考えるうえでも重要である。前項で述べた個体群動態の推定法は，この問題にも応用できる。「同じ繁殖集団に属しているならば同じ有効集団サイズが推定される」という仮定から，異なる地域集団に属す個体の個体群動態プロットを比較することで，両者はいつ遺伝的に分かれたのかを推測可能である。

　カマイルカの例を挙げよう。日本沿岸に分布するカマイルカは，頭部形態に二型があることが以前から知られている。片方のタイプは日本沿岸に広く分布するが，もう片方は日本海でしか見られない。前者を「広域分布型」，後者を「日本海型」と呼ぶことにする。両者のPSMCプロットはおよそ11万年前に分岐する(図1-a)が，実際この頃に両者は遺伝的に分化したことが，疑似2倍体（後述）など他の解析からも示されている（Suzuki et al., 2023）。このタイミングはちょうど最終氷期が始まって海水面が低下した時期と一致しており，海水面の低下によって日本海がほぼ孤立したことで，当時太平洋にいた「広域分布型」の祖先集団と日本海にいた「日本海型」の祖先集団との間で，遺伝的な隔離が起きたと考えられる（Suzuki et al., 2023）。なお，上記の仮定は，その逆は必ずしも成立しない。遺伝的に分化した後でも，たまたま両者の有効集団サイズが一致することはあり得る。このため，2集団の遺伝的分化をより詳しく探るために，疑似2倍体（pseudo-diploid）ゲノムのPSMC解析を行うという手法（Kishida, 2017; Li & Durbin, 2011; Prado-Martinez et al., 2013）がある。異なる2つの地域個体群に由来する2個体に関して，それぞれのハプロイドゲノムどうしを計算機上で対合させた仮想個体の2倍体ゲノムを疑似2倍体と呼ぶ。もしこれら2つの地域個体群の間で遺伝的な分化がまったく起きていない，つまり解析した2個体が同じ繁殖集団に属しているならば，この疑似2倍体と同じゲノムを持った個体が実際に存在しうるし，そのPSMCプロットは「両親」2個体のPSMCプロットと完全に重なるはずである。一方で，これら2つの地域個体群の間で完全な生殖隔離が成立しているならば，解析した2個体のハプロイド各領域間の遺伝距離──分岐年代は生殖隔離が成立した時と一致するかそれよりも古いはずである。PSMCプロットはハプロイド各領域間の遺伝距離の頻度分布をもとに描かれるので，ほぼ完全な生殖隔離が成立したときに疑似2倍体ゲノムのPSMCプロットが極端に大きな値を示すことが予想され，このことを利用して集団

表 1　クマ各個体の常染色体ゲノムのハプロイド間のヘテロ接合度 (Kishida et al., 2022 を改変)

種名	採集地	GenBank SRA* accession	平均被覆度	ヘテロ接合度 [/bp]
ニホンツキノワグマ *Ursus thibetanus japonicus*	日本 静岡県西伊豆町	DRR320311	35.8	0.000553
ニホンツキノワグマ *Ursus thibetanus japonicus*	日本 徳島県	DRR250459	68.8	0.000498
西伊豆個体と徳島個体の擬似2倍体		-	-	0.000603
チベットツキノワグマ *Ursus thibetanus thibetanus*	中国 チベット自治区	SRR10233892-10233898	25.7	0.002448
ウスリーツキノワグマ *Ursus thibetanus ussuricus*	韓国 智異山国立公園	SRR8206115	17.8	0.001968
アメリカクロクマ *Ursus americanus*	米国 アラスカ州	SRR518723	24.7	0.001152
アメリカクロクマ *Ursus americanus*	米国 ペンシルバニア州	SRR830685	21.2	0.001212
ヒグマ *Ursus arctos*	日本・北海道	DRR276776	53.5	0.001384
ヒグマ *Ursus arctos*	ロシア クラスノヤルスク地方	ERR2678640	21.2	0.001879
ヒグマ *Ursus arctos*	米国 アラスカ州	SRR7758718	39.8	0.001534

*Sequence Read Archive（次世代シーケンサーの出力データのアーカイブ），https://www.ncbi.nlm.nih.gov/sra

間の分岐年代を推定することができる．集団間である程度の生殖隔離が成立しているが，集団間の遺伝子流動もそれなりに存在する場合は，擬似2倍体のPSMCプロットは「両親」2個体のプロットよりも大きな値を示すが極端な値にはならない．例えば本州と四国のツキノワグマ集団の場合，両者はほぼ同じPSMCプロットを示すが，両者はおよそ3万年ほど前から遺伝的な分化が始まったこと，しかし完全な生殖隔離には至っていないことが，擬似2倍体ゲノムの解析から示唆される（図1-b）．複数個体の解析が可能な場合，SMC++のsplitオプションなどでも同様の解析を行うことができる．

　また，各地域集団の個体のゲノムのヘテロ接合度（解析したゲノム領域長におけるヘテロ接合座位数の割合）を擬似2倍体ゲノムのそれと比較するという簡易な方法もある．ある個体のゲノムのヘテロ接合度は，その個体の両親間の遺伝距離と見なすことができるため，例えばもし本州と四国のツキノワグマが完全に同じ繁殖

集団に属しているならば、実際の各個体のゲノムのヘテロ接合度は疑似2倍体ゲノムのヘテロ接合度とほぼ同じ値を示すことが予測される。ツキノワグマの場合、実際には疑似2倍体ゲノムのヘテロ接合度の方がやや高い値を示したため、完全に同じ繁殖集団には属していないことが示唆される（表1）。四国のニホンツキノワグマは他のニホンツキノワグマと遺伝的に最も遠いことがミトコンドリアDNAの解析から示唆されており（Ohnishi et al., 2009），このように地理的にも遺伝的にも遠い2個体の疑似2倍体ゲノムのヘテロ接合度は、その種の全体としての遺伝的多様性を示す指標ともなる。実際、ニホンツキノワグマの本州個体と四国個体の疑似2倍体ゲノムのヘテロ接合度は他種の個体のゲノムのヘテロ接合度よりもはるかに低く、ニホンツキノワグマの遺伝的多様性は他のクマと比べてきわめて低いことが示唆される（表1）。

3. 種間交雑の推定

過去の種間交雑の痕跡も、ゲノム全長の解析によって容易に検出できる。全ゲノム解析の普及によって、種間交雑はこれまで想定されていたよりもはるかに普遍的であり、生物の進化を考えるうえで重要な現象であることが知られるようになってきた。例えば、ゲノム解析によって現生人 *Homo sapiens* とネアンデルタール人 *H. neanderthalensis* との種間交雑が発見された研究（Green et al., 2010; Reich et al., 2010）は有名である。種間交雑の検出にはいくつかの方法があるが、ここでは、上記のネアンデルタール人ゲノムの解析のために開発された D 統計（「ABBA-BABA統計」、あるいは開発者ニック・パターソンの名前から「パターソンの D」とも呼ばれる）を紹介する。

D 統計は、図2にあるような系統関係にある、種あるいは地域個体群 H_1、H_2、H_3 の解析に基づく。現生人とネアンデルタール人の交雑解析では、H_1：アフリカ系現生人、H_2：非アフリカ系現生人、H_3：ネアンデルタール人、外群：チンパンジー、という組み合わせが使われた。ここで、ゲノムの塩基配列の各座位に関して、外群と同じであればA、異なればBとする。なお、ヘテロ接合座位の場合は、どちらかのアリルをランダムに選ぶ。例えばある座位で（H_1, H_2, H_3, 外群）の遺伝子型が（A, B, A, A）であった場合、H_1 と H_2 の分岐後に H_2 の系統でAからBへの塩基置換が起きたことが推測される。では、（A, B, B, A）であった場合はどうだろうか。この場合は前者ほど単純ではない。H_2 の系統と H_3 の系統それぞれで独立に同じ塩基置換が起きたか、あるいは外群との分岐後 H_1、H_2、H_3 の

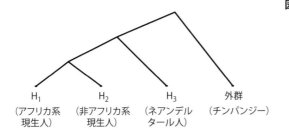

図2 D統計は，このような系統関係を満たす，種もしくは地域個体群 H_1, H_2, H_3 の解析に基づく

Reich et al., 2010 の論文でネアンデルタール人と現生人の交雑の検証に使われた組み合わせを，（ ）に記した。

表2 ニホンツキノワグマと他のツキノワグマの間の **D** 統計解析結果 (Kishida et al., 2022 より改変)

外群はホッキョクグマ。

H_1	H_2	H_3	n_{ABBA}*	n_{BABA}*	D**	Z 値***
ニホンツキノワグマ（四国）	ニホンツキノワグマ（西伊豆）	チベットツキノワグマ	79380	79733	−0.002	−0.637
ニホンツキノワグマ（四国）	ニホンツキノワグマ（西伊豆）	ウスリーツキノワグマ	79462	81102	−0.010	−3.039
チベットツキノワグマ	ウスリーツキノワグマ	ニホンツキノワグマ（西伊豆）	495874	452899	0.045	26.306
チベットツキノワグマ	ウスリーツキノワグマ	ニホンツキノワグマ（四国）	492385	451473	0.043	25.343

*: n_{ABBA}, n_{BABA} は，それぞれ解析座位中の (A, B, B, A) および (B, A, B, A) パターンの出現回数を示す。
**: 統計量 D は $(n_{BABA} - n_{ABBA})/(n_{BABA} + n_{ABBA})$ によって求められる。
***: n_{ABBA} と n_{BABA} の値が統計的に有意に異なるかどうかを判断する指標値。Z値の絶対値が大きいほど，これら2つの値は統計的に有意に異なることを示す。Reich et al. (2010) では |Z|>3 という基準が採用されたが，具体的にどれ以上の値をとれば有意といえるのかに関しては，まだ統一見解はない。

共通祖先の系統でAからBへの塩基置換が起きた後に H_1 の系統で再度BからAへの塩基置換が起きたか，もしくはそもそもこの座位はAとB，2つの状態が多型として集団中に維持されており，たまたま解析した個体のハプロタイプが (A, B, B, A) であったか，のいずれかが考えられる。解析対象が互いに系統的にごく近縁である場合，同じ座位での複数回の置換の可能性はほぼ無視できるので，(A, B, B, A) パターンを示す座位のほとんどは多型に起因することが期待される。(B, A, B, A) であった場合も同様である。これらの状態が集団中の多型だけで説明されるならば，(A, B, B, A) パターンと (B, A, B, A) パターンの出現頻度はほとんど同じであることが期待される。だが実際には，これら2つのパターンの出現頻

度が統計上有意に異なる場合がある。例えば前述の現生人とネアンデルタール人の場合では，ゲノム全長の解析の結果（A, B, B, A）パターンの方が（B, A, B, A）パターンよりも有意に多く出現している。この結果は，H_1 と H_2 の分岐後に H_2：非アフリカ系現生人と H_3：ネアンデルタール人との間での交雑を仮定すれば説明可能である（Green et al., 2010）。ちなみに，(A, B, B, A) パターンよりも (B, A, B, A) パターンの方が有意に多い場合は，H_1 と H_2 の分岐後に H_1 と H_3 の間での交雑が示唆される。ツキノワグマに関しても，H_1: チベットツキノワグマ，H_2：ウスリーツキノワグマ，H_3：ニホンツキノワグマ，外群：ホッキョクグマ，という組み合わせで解析を行ったところ，(A, B, B, A) パターンの出現回数が (B, A, B, A) パターンよりも有意に多く，地理的に近くに分布するウスリーツキノワグマとニホンツキノワグマとの間で過去に種間交雑があったことが示唆された（表2）。また，朝鮮半島に近い四国のニホンツキノワグマの方が伊豆のニホンツキノワグマよりもウスリーツキノワグマ由来のゲノムをやや多く含んでおり，種間交雑は日本列島の西部，おそらくは朝鮮半島と近接する対馬海峡あたりで起きたことが示唆される（表2）。

引用文献

Avise, J. C., 2000. Phylogeography: The history and formation of species. Harvard University Press.

Green, R. E. et al. 2010. A draft sequence of the Neandertal genome. Science **328**: 710–722.

Hailer, F. et al. 2012. Nuclear genomic sequences reveal that polar bears are an old and distinct bear lineage. Science **336**: 344–347.

Kishida, T. 2017. Population history of Antarctic and common minke whales inferred from individual whole-genome sequences. Marine Mammal Science **33**: 645–652.

Kishida, T. et al. 2021. Population history and genomic admixture of sea snakes of the genus Laticauda in the West Pacific. Molecular Phylogenetics and Evolution **155**: 107005.

Kishida, T. et al. 2022. Genetic diversity and population history of the Japanese black bear (Ursus thibetanus japonicus) based on the genome-wide analyses. Ecologiclal Research **37**: 647–657.

Li, H. & R. Durbin. 2011. Inference of human population history from individual whole-genome sequences. Nature **475**: 493–496.

Moura, A. E. et al. 2020. Phylogenomics of the genus Tursiops and closely related Delphininae reveals extensive reticulation among lineages and provides inference about eco-evolutionary drivers. *Molecular Phylogenetics and Evolution* **146**: 106756.

Nadachowska-Brzyska, K. *et al.* 2016. PSMC analysis of effective population sizes in molecular ecology and its application to black-and-white Ficedula flycatchers. *Molecular Ecology* **25**: 1058–1072.

Ohnishi, N. *et al.* 2009. The influence of climatic oscillations during the Quaternary Era on the genetic structure of Asian black bears in Japan. *Heredity* **102**: 579–589.

Patton, A. H. *et al.* 2019. Contemporary demographic reconstruction methods are robust to genome assembly quality: a case study in Tasmanian devils. *Molecular Biology and Evolution* **36**: 2906–2921.

Prado-Martinez, J. *et al.* 2013. Great ape genetic diversity and population history. *Nature* **499**: 471–475.

Reich, D. *et al.* 2010. Genetic history of an archaic hominin group from Denisova Cave in Siberia. *Nature* **468**: 1053–1060.

Schiffels, S. & R. Durbin. 2014. Inferring human population size and separation history from multiple genome sequences. *Nature Genetics* **46**: 919–925.

Speidel, L. *et al.* 2019. A method for genome-wide genealogy estimation for thousands of samples. *Nature Genetics* **51**: 1321–1329.

Suzuki, M. *et al.* 2023. Genomics reveals a genectially isolated population of the Pacific white-sided dolphin (*Lagenorhynchus obliquidens*) distributed in the Sea of Japan. *Molecular Ecology* **32**: 881–891.

Takahata, N. & M. Nei. 1985. Gene genealogy and variance of interpopulational nucleotide differences. *Genetics* **110**: 325–344.

Terhorst, J. *et al.* 2017. Robust and scalable inference of population history from hundreds of unphased whole genomes. *Nature Genetics* **49**: 303–309.

第12章 DNAを長期保存する昆虫標本の作製手法

中濱 直之（兵庫県立大学・兵庫県立人と自然の博物館）

　昨今の遺伝解析技術の発達とともに，生物標本が有する遺伝情報への注目が高まっている．しかし，生物標本は伝統的に外部形態情報の利用を主な目的として作成されている経緯があるため，DNA の保存までは配慮されていないケースがほとんどである．実際に，従来の手法で作成された多くの生物標本の DNA は，標本作製後急速に劣化することから，新鮮なサンプルと同様の解析をすることは困難であった．そこで本稿では，2019 年に筆者らにより新たに開発された DNA の長期保存が可能な昆虫標本の作製手法（Nakahama et al., 2019）について紹介したい．本手法は，これまで DNA 解析用サンプル保存液として主に使われてきた無水エタノールに代わり，蒸発速度が非常に遅いプロピレングリコールを保存液として用いることで，DNA サンプル用組織を標本とともに常温で長期間の保存を可能とした．なお，プロピレングリコールは Vink et al.（2005）および Ferro & Park（2013）で，無水エタノールと同様に DNA サンプルを長期間保存できることが示されている．

必要な物品・試薬

- 昆虫針や平均台，ピンセットなど，通常の標本作製に必要な物品
- 99％プロピレングリコール
- 0.2 mL チューブ（PCR 用チューブ）
- パラフィルム
- スポイト
- アルミホイル

　※プロピレングリコール，0.2 mL チューブ，パラフィルムなどは通販で入手可能．

殺虫方法

　酢酸エチルの蒸気で殺虫（密閉できる容器にティッシュペーパー数枚と酢酸エ

チル数滴を入れ，昆虫を入れておく）。もしくは冷凍庫で数時間保管。酢酸エチルで殺虫する場合，できる限り殺虫時間を短時間（長くても半日程度）とし，高温で長時間置かないよう注意する。またコンタミネーションを避けるため，1つの容器に1個体を入れるのが望ましい。小さなチャック袋や三角紙などが扱いやすいだろう。

標本作製・保管方法

① 殺虫を確認後，昆虫から筋肉組織を含む部位（脚部や胸筋など）を切り取る（なお，切り取る際には外部形態の利用可能性を維持するため，身体の右半身か左半身のどちらかから切り取るのが望ましい）。切り取る際，毎回ピンセットを塩素系漂白剤（キッチンハイターなど）や洗剤などで洗うか，もしくはライターなどの火でピンセットの先端を炙る（標本間でDNAが混ざるのを防ぐため）。切り取った残りの虫体は，通常の手法で標本を作製する。標本作製手法については，（大阪市立自然史博物館（2007）や松浦（2014）などを参照すること。大きさが5 mm程度よりも小さい，小型の昆虫については，同種他個体の全身を使用しても良い。なお，全身や胸筋を用いる場合，消化管が混ざるとコンタミネーションのリスクがあるため，虫体から切り取る際やDNA抽出の際には注意をしてほしい。なお，野外で上記の一連の作業を実施するのは困難であるため，採集時は小さなチャック袋や三角紙で生かしたままか仮死状態で保管し（このときに温度が上がりすぎないようにする），室内でこうした作業を実施するのが現実的かもしれない。

② 切り取った身体の組織を，99%プロピレングリコールとともに0.2 mLチューブに保管する。プロピレングリコールの扱いの際にはスポイトが便利。組織が大きい場合，体内からの脱水のためにプロピレングリコールの濃度が薄まり，DNAが劣化する恐れがある。これを防ぐため，1日以上経過してから99%プロピレングリコールを新しく入れ替える。

③ プロピレングリコールの液漏れや蒸発防止のため，チューブの蓋をパラフィルムで巻いておく（パラフィルムでチューブを巻いておくと，燻蒸（くんじょう）の影響も最小限にすることが期待される）。また，プロピレングリコール及びDNAの劣化を防ぐためにアルミホイルを巻いて遮光するとなおよい。

④ 乾燥した虫体，0.2 mLチューブ（蝶番部分に昆虫針を刺す），ラベルの順番に，1本の昆虫針に刺して保管（図1）。ドイツ箱に収め常温保管でよい。

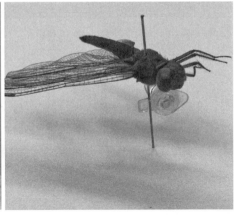

図1 本プロトコルによって作成した昆虫標本
この後，チューブにパラフィルム及びアルミホイルを巻いておくとよい。

⑤ 蝶番による固定が弱く，チューブが回転する場合，追加の昆虫針で適宜固定しておく。

※使用する器具については，コンタミネーションに最大限注意する。昆虫の保存する容器や 0.2 mL チューブは新品を使用する，スポイトやピンセットは洗浄する（塩素系漂白剤などを利用するとよい）などで未然に防ぐことが可能。

DNA 抽出時の注意点

チューブから筋肉組織を取り出し，別のチューブに移す。99％エタノールで筋肉組織を 1，2 度洗浄して，プロピレングリコールを除去する（組織量にもよるが，5 分ほど 99％エタノールに浸して軽く攪拌し，溶媒を除去する）。プロピレングリコール及びエタノールが除去されると，通常の DNA 抽出に利用可能。通常の DNA 抽出については，（種生物学会, 2012）などを参照のこと。

本手法によって，1500 bp の DNA 断片が少なくとも 1 年間保持されたことが示されており（図2），研究開始時から 4 年経過した現在もそれなりの DNA が保存されていることが期待される。1500 bp 程度の DNA 断片が残っていれば，MIG-seq（Suyama & Matsuki, 2015）やマイクロサテライト，サンガーシーケンシングなどといった解析手法は問題なく実施できるだろう。

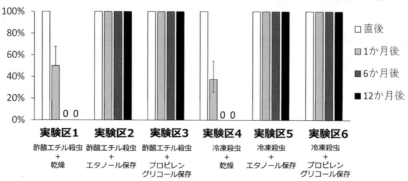

図2　各実験区における PCR 産物長 1555 bp における PCR の成功率の違い

(Nakahama *et al.*, 2019 より改変)

それぞれの実験区で，殺虫方法と保管方法が異なっている（いずれも常温保管）。グラフ中の 0 は，全く PCR が成功しなかったことを示す。

ただし，RAD-seq や全ゲノム決定などのように非常に長い DNA が必要な場合は，本手法ではなくディープフリーザーによる超低温保管を推奨する。また，本手法はあくまで昆虫を中心とした動物に限られる。植物の場合，プロピレングリコールによる保存が可能かどうかは現時点で不明であり，（なお，無水エタノールで保存した場合は DNA の抽出が非常に困難になる），適用しないほうが無難である。

引用文献

Ferro, M. L. & J. S. Park. 2013. Effect of propylene glycol concentration on mid-term DNA preservation of Coleoptera. *The Coleopterists Bulletin* **67**: 581–586.

松浦啓一. 2014. 標本学 第 2 版：自然史標本の収集と管理（国立科学博物館叢書）. 東海大学出版会.

Suyama, Y. & Y. Matsuki. 2015. MIG-seq: an effective PCR-based method for genome-wide single-nucleotide polymorphism genotyping using the next-generation sequencing platform. *Scientific Reports* **5**(1): 1–12.

Nakahama, N. *et al.* 2019. Methods for retaining well-preserved DNA with dried specimens of insects. *European Journal of Entomology* **116**: 486–491.

大阪市立自然史博物館. 2007. 標本の作り方―自然を記録に残そう. 東海大学出版会.

種生物学会 (編). 2012. 種間関係の生物学：共生・寄生・捕食の新しい姿. 文一総合出版.

Vink, C. *et al.* 2005. The effects of preservatives and temperatures on arachnid DNA. *Invertebrate Systematics* **19**: 99–104.

第13章　植物標本の非破壊的 DNA 抽出

杉田 典正（東京大学先端科学技術研究センター）

　日本国内の博物館・標本庫には，研究者や生物採集者が集めてきた多くの標本が収蔵されている。それらの標本には，有用なさまざまなタイプの情報が内包されている。研究者は，標本の形態やラベル記載の採集地情報などを生物地理学，分類学，生態学，保全生物学などの研究に利用してきた。近年の分子生物学の発展により，研究者は，標本内部の DNA 等の遺伝情報の利用を分子系統や保全遺伝学に拡大してきた。標本を利用できれば現在では入手不可能な絶滅・絶滅危惧分類群の遺伝情報さえも分析可能であり，標本の遺伝情報の利用は生物多様性のなりたちや現状の理解を進めた（Higuchi et al., 1984; Haddrath & Baker 2001）。また，標本を利用すれば，ある個体群の遺伝的特性を過去（標本）と現在（現生個体群）の間で比較できるので，遺伝的多様性の経年変化といった保全上重要な情報を得ることができる（Leonard 2008; Nakahama et al., 2018）。今後も研究者は標本の遺伝情報の利用をさまざまな研究へ拡大し，過去の個体群の遺伝情報の分析を含む多くの研究が推進されると期待される。

　しかし，研究者の要求通りに標本の利用が進んでいるとはいえない。なぜなら標本から DNA を抽出するとき，従来の手法は，標本のすべてまたは一部の組織を細かく破砕する手順があり，標本を不可逆的に破壊してしまうからである。この手法は，資料保存の点で問題があるといえる。特にタイプ標本（記載論文で指定される生物の形態的特徴を保証する標本）やある分類群・個体群に 1 点または数点のみしか存在しない貴重な標本で重大な問題となる。また，小型生物の標本では，組織の切り取りは標本の形態情報を著しく失うという問題もある。これらの問題は，標本の研究利用を希望する研究者と標本管理者が対立する原因にもなる。筆者は標本の DNA を利用した研究を行うとき，標本を利用する側の研究者として標本管理者と DNA 分析用に標本組織の切り取ることについて事前に交渉する。しかし，ほとんどの場合で筆者が求める標本組織片の要求量より少ない量しか切り取りが許されなかったり，貴重標本の場合は採取許可を得られない場合もあった。

多くの研究者が標本組織片の入手に苦労しているだろう。これらの問題の解決のため，標本を壊さないで標本からDNAを抽出する技術（標本の非破壊DNA抽出法）が求められてきた。標本の非破壊DNA抽出法が可能ならば，これまで使用できなかった標本が研究のために利用できるようになり，学術的にも社会的にも標本の価値をより高めるだろう。

　ひとえに標本の非破壊DNA抽出法といっても，標本をまったく破壊しないわけではない。標本からの非破壊DNA抽出法は，ある時代の分子実験技術の範囲内で，ある分類群の標本から最小限の標本の破壊でDNA抽出する手法である。その破壊の程度は分類群や適用可能な分子生物学技術によって異なる。例えば，初期の非破壊DNA抽出では，昆虫（甲虫）乾燥標本の体表に小さい穴を開けて標本内に緩衝液を浸透させていた（Phillips & Simon, 1995）。その後甲虫類では，標本への事前の加工なしで緩衝液に浸ける方法で非破壊DNA抽出する方法が開発された（Gilbert et al., 2007）。一方，同じ昆虫でも鱗粉で全身が覆われたガ類などでは，標本をまったく壊さない手法の非破壊DNA抽出法はまだ開発されていない。最も破壊が少ない方法では，標本から脚や腹を取り外して，その器官を緩衝液に浸して壊さずにDNA抽出し，標本に戻すか別に保管する（Hundsdoerfer & Kitching, 2010; Patzold et al., 2020）。これらの手法はすべて，証拠標本として重要な形態情報を残すことが共通している。

　この章では，筆者らが開発に携わった植物乾燥標本（特に維管束植物の押し葉標本）の非破壊DNA抽出法の手順について紹介する。植物では2つの方法が開発されている。1つは，植物標本の表面を消しゴムで擦る方法である（Shepherd, 2017）。この方法は，植物標本の正面を消しゴムで擦り，遊離した植物組織を含む消しゴムかすから市販のDNA抽出キットを使ってDNA抽出する。しかし，この方法は消しゴムを擦る圧力に耐えられる頑丈な植物でしか使用できない。そこで筆者と共同研究者らは，小型で壊れやすく葉の少ない植物標本（図1）であっても標本を壊さずにDNA抽出する手法の開発に取り組んだ（Sugita et al., 2020）。新しく開発した方法は，実験室に常備されている通常の試薬を用いることができ，かつ，標本庫内で標本を台紙から外さないで作業できるように工夫されている。

　新しい方法は，押葉標本の表面にドデシル硫酸ナトリウム（SDS）とProteinase Kを含む緩衝液を30分間接触させることで，標本表面からDNAを溶出させる。DNA抽出緩衝液の組成はTris-HCl（0.01 M），EDTA（0.01 M），SDS（0.01%），Proteinase K（0.1 mg/mL）とした。実験手順の概要は以下の通りである。紹介す

第 13 章　植物標本の非破壊的 DNA 抽出　　*193*

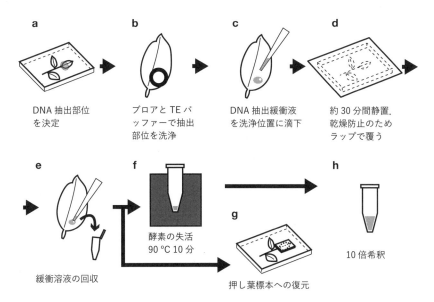

図1　植物標本の非破壊 DNA 抽出法の手順の概要

る手順は，Sugita *et al.*（2020）における Protocol 1 であり，詳細な手順は論文も参照されたい。

　a. 大型のステンレストレーを用意する。トレーは，中性洗剤でよく洗い，水道水とイオン交換水で濯ぎ，乾燥とエタノールの噴霧を行う。トレーに標本（台紙ごとでもよい）を置く。DNA 抽出緩衝液を接触させる標本部位を決定する（緩衝液が流れないようになるべく地面に水平な葉がよい）。

　b. 緩衝液を接触させる部位の表面のほこりをブロア（カメラ掃除用）でやさしく払う。次にメカニカルピペットとフィルターチップを用いて TE バッファー（20～50 μL）で表面をピペッティングで洗浄する。表面に残存する TE バッファーを清潔な紙（キムワイプ等）で吸い取る。

　c. DNA 抽出緩衝液（10～30 μL）を洗浄した標本表面に置く。このとき，緩衝液が該当部位から流れてしまう場合，カラム式 DNA 精製キットから内部のフィルターを取り出し，標本表面に置き，フィルターに緩衝液を吸わせることで流出を防ぐことができる。

　d. DNA 抽出緩衝液の蒸発を防ぐために，ステンレストレー全体に食料品用ラップをかぶせる。30 分間静置し，DNA を抽出する。

e. 30 分後，DNA 抽出緩衝液をフィルターチップで吸い取り，滅菌済みの新しい DNA 低吸着性チューブに入れる。抽出緩衝液が標本表面に残留するようならば，TE バッファーを加えて，希釈して吸い取る。

f. 回収した DNA 抽出緩衝液は，Proteinase K の不活性化のために，即座に，事前に温めておいたヒートブロックで 10 分間 90 ℃ の加熱を開始する。

g. ここで，抽出緩衝液で湿った植物標本を，押葉標本に戻す手順に即座に進む。DNA 抽出処理部位に残存する抽出緩衝液と TE バッファーを清潔な紙で吸い取る。DNA 抽出処理部位の表と裏に，適当な大きさに切った薬包紙，ペーパータオルを当て，段ボール紙で挟んで固定する。湿った標本に直接接触する薬包紙は，標本が乾燥する過程で標本表面と接着しやすいので，標本がある程度乾燥するまで，薬包紙を 2,3 回交換する。標本が完全に乾燥するまで紙で挟んで固定する。

h. 加熱後の DNA 抽出緩衝液は，滅菌蒸留水で 10 倍に希釈する。PCR 反応に影響を与える抽出緩衝液中の EDTA と不純物をなるべく希釈するためである。

DNA 抽出の有無は，PCR で確認した。その後，植物の DNA バーコーディング用標準プライマーを用いて（CBOL Plant Working Group1, 2009），maturase K 遺伝子（$matK$）と ribulose-1,5-bisphosphate carboxylase/oxygenase の大サブユニット遺伝子（$rbcL$）の一部配列を増幅させた。本手法では，DNA を精製しないため，DNA 溶液には熱変成した Proteinase K と植物由来のポリフェノールや多糖類などの PCR 阻害物質が多数含まれると予想される。よって PCR 反応液は，Ampdirect plus（島津製作所，京都）を用いた。この試薬はタンパク質等の PCR 阻害物質の存在下での PCR 反応をある程度成功させる。その他の PCR 条件は，標準的な PCR の手順と同じである。Sugita *et al.* (2020) は，非破壊的 DNA 抽出法（Protocol 1）に加えて，標本組織片を破砕せずに同じ緩衝液で DNA を溶出し，その標本組織片を乾燥させて押葉標本とともに保存する低侵襲的な DNA 抽出法（Protocol 2）も提案している。新しい 2 つの手法を用いて，維管束植物 14 分類群の DNA 抽出と $matK$（約 850 bp）と $rbcL$ の一部（約 550 bp）の PCR 増幅を行ったところ，14 分類群のうち $matK$ で 46%，$rbcL$ で 80% の対象分類群の DNA 配列を得ることができた。

本手法の使用には，いくつかの注意点がある。まず，本手法の標本への影響は，ゼロではない。一部の分類群では緩衝液と標本の接触部位が変色や収縮した（**表**

表1 植物標本の非破壊DNA抽出の処理前後の標本の状態とPCR増幅の有無

(Sugita *et al*., 2020を改変)

BLAST検索でDNA配列が一致した分類群のみ記した。Protocol 1は本章で紹介した方法（非破壊DNA抽出法）で，Protocol 2は標本を一部切り取りDNA抽出緩衝液に浸した後に乾燥させる方法。

分類群	標本の変化	PCR *matK* Protocol 1	Protocol 2	*rbcL* Protocol 1	Protocol 2
キランソウ	なし	増幅	増幅	増幅	増幅
タネツケバナ	なし	増幅	増幅	増幅	増幅
ウメガサソウ	なし		増幅		増幅
チゴユリ	やや変色				増幅
ヤエムグラ	なし	増幅			
フデリンドウ	なし				増幅
スズメノヤリ	なし				増幅
ノハラムラサキ	変色・縮小	増幅	増幅		増幅
ヤクシマヒメアリドオシラン	なし	増幅	増幅	増幅	増幅
トネハナヤスリ	やや変色			増幅	増幅
スズメノカタビラ	なし	増幅	増幅		増幅
ヒメウズ	なし			増幅	増幅
ミヤマハコベ	なし	増幅	増幅	増幅	増幅
タチツボスミレ	なし			増幅	増幅

1）。本手法を貴重な標本へ適用する際には，事前に同分類群の別の標本を使ってテストする必要があるだろう。また，本研究では，DNA抽出部位に残ったProteinase Kを不活性化する処理は行わなかった（なお，エタノールも葉を脱色させる可能性が高い）。Proteinase Kの残留も含めて，本手法による長期的な標本への影響は不明であり，長期的な影響を個別に調べていく必要があるだろう。さらに，本手法は，常緑樹の葉など表面にクチクラ層が発達している植物（クワ科やブナ科など）では，使用が難しいようだ。野外に生育していた植物の標本では，植物表面に他の分類群の花粉由来と思われるDNA配列（コナラ属やヒノキ属，ニンジン属）が検出されたこともあった。新しい手法なのでまだまだ解決すべき点も多い。

　本手法では，植物標本から非破壊的にDNA抽出が可能であり，少なくともPCRベースの研究に使用可能なことを示した。本手法は，葉が柔らかく壊れやすい植物でも，標本を破壊せずにDNA抽出することができる点で，他の標本からのDNA抽出法に比べて有益である。特に，葉を1枚失うと形態情報を大いに失い

証拠標本としての価値が低下してしまうような標本の DNA を得たいとき最初に採用すべき有効な方法といえる。また，本手法を用いて 1934 年に採集されたイワキアブラガヤの標本から非破壊的な DNA 抽出と PCR 増幅（約 150 bp）に成功している（Sugita *et al.*, 2020）。一方で，本手法は開発されたばかりであり，他の研究への実装例はまだない。まだ試していないものの，本手法は次世代シーケンサーを用いた解析にも応用可能と考えられ，より効率的に DNA 配列の決定ができるだろう。

本手法は，標本組織片の切除許可を得ることが難しい貴重標本の研究利用を促進できる点で従来の手法より優れている。標本から系統解析や保全単位の設定のための配列情報を得る手続きが容易になると信じる。今後の展望として，日本列島の生物多様性の理解や遺伝的多様性の変遷といった研究への標本利用がより拡大されると期待できる。具体的には，個体数や生育地の保全などの点から新鮮な DNA 採取のための採集を避けるべき絶滅危惧分類群などは，遺伝情報の入手が困難である。一方で，博物館・標本庫には過去の古い時代に採集された絶滅危惧種分類群の標本が保管されている場合がある。本手法を用いれば，それらが貴重標本であっても，利用許可を得て絶滅危惧分類群の系統解析や保全に役立つ遺伝情報を得ることが可能になるだろう。また，貴重標本に限らず，博物館・標本庫に保管されるすべての標本は過去のある地点で採取された代替品のない資料である。資料保存の点から，従来の手法では研究に使用される標本数は最小に制限されていた。本手法を用いれば，使用標本数に制限されずにある分類群の標本を網羅的に分析，または分類群を横断して博物館ごと分析することさえも可能になり得る。今後，本手法の改良が進み，本手法が多くの研究者に使われることを望む。

引用文献

CBOL Plant Working Group. 2009. A DNA barcode for land plants. *Proceedings of the National Academy of Sciences of the United States of America* **106**: 12794–12797.

Gilbert, M. T. P. *et al.* 2007. DNA extraction from dry museum beetles without conferring external morphological damage. *PLOS ONE* **2**: e272.

Haddrath, O. & A. J. Baker. 2001. Complete mitochondrial DNA genome sequences of extinct birds: Ratite phylogenetics and the vicariance biogeography hypothesis. *Proceedings of the Royal Society B: Biological Science* **268**: 939–945.

Higuchi, R. *et al.* 1984. DNA sequences from the quagga, an extinct member of the horse family. *Nature* **312**: 282–284.

Hundsdoerfer, A. K. & I. J. Kitching. 2010. A method for improving DNA yield from century-plus old specimens of large Lepidoptera while minimizing damage to external and internal abdominal characters. *Arthropod Systematics & Phylogeny* **68**: 151–155.

Leonard, J. 2008. Ancient DNA applications for wildlife conservation. *Molecular Ecology* **17**: 4189–4196.

Nakahama, N. *et al.* 2018. Historical changes in grassland area determined the demography of semi-natural grassland butterflies in Japan. *Heredity* **121**: 155–168.

Patzold, F. *et al.* 2020. Advantages of an easy-to-use DNA extraction method for minimal-destructive analysis of collection specimens. *PLOS ONE* **15**: e0235222.

Phillips, A. J. & C. Simon. 1995. Simple, efficient, and nondestructive DNA extraction protocol for Arthropods. *Annals of the Entomological Society of America* **88**: 281–283.

Shepherd, L. D. 2017. A non-destructive DNA sampling technique for herbarium specimens. *PLOS ONE* **12**: e0183555.

Sugita, N. *et al.* 2020. Non-destructive DNA extraction from herbarium specimens: a method particularly suitable for plants with small and fragile leaves. *Journal of Plant Research* **133**: 133–141.

コラム4　Museomics をとりまくデータベース

仲里 猛留（ライフサイエンス統合データベースセンター（DBCLS））

　これまでに集められてきた数多くの博物館標本は，ふだんは収蔵庫に納められていて利用されるのを待っている状態である。標本には，いつ，どこで，またどういう環境で，誰によって採集されて何と同定されたか，という標本の付帯情報を説明するメタデータも付随しており，モノとしての標本がデータとしての側面を持ち，それが広く流通することによって，標本へのアクセスが容易になり，標本自体の利用価値が高まるといえる。また，モノとしての標本そのものを使わなくても，これらのメタデータだけでデータの側面から標本を利用することができるようになる（例：採集場所データにより分布の変遷を解析するなど）。生物に関連するデータというと遺伝子やゲノムの配列情報が注目され，これらのデータを処理するバイオインフォマティクスが隆盛しているようにも見える。一方で先に述べた標本のいわば個体レベルや環境レベルの情報も生物多様性情報として収集され，系統や分類，生態といった解析を行う生物多様性情報学（biodiversity informatics）としてアプローチが行われている。最近はさらに標本から，あるいは標本作成時に DNA 抽出することで標本に付随した DNA 情報も得られることとなり，生物多様性情報と塩基配列情報の両方を融合しての研究が行われるようになっており，ますますデータの価値が高まっていくといえるだろう。本コラムでは，博物館標本による生態学研究に用いられるいくつかのデータベースについて紹介する。

1. GBIF (https://www.gbif.org/)

　生物多様性情報の総本山がこの GBIF（Global Biodiversity Information Facility：ジービフ。地球規模生物多様性情報機構）である（図1）。2023 年 7 月現在，23 億件のオカレンスレコードを収載している。オカレンスとは，標本情報や目撃情報のことで，いつ・どこで・誰が・何を・どうしたかについての記録である。さらなる対象の情報として，卵や花などの生物のステージや，飛んでいるなどの状態についても記録でき，さらに生物そのものだけでなく，鳥の羽や巣などについても記録するこ

図1　GBIFでのナガサキアゲハの検索結果

とができる。また、化石の情報も記述することができる。これらのオカレンス情報を用いることで、ツバメのような渡り鳥の月毎の移動の状況、ナガサキアゲハやツマグロヒョウモンといったチョウの、おそらくは温暖化によるであろう年を追っての北方への進出、昆虫と食草の分布の重なりといったことを調べることができる。

　GBIFはデータをDarwin Coreという形式に準拠して収集している。Darwin Core自体はTDWG（タドウィッグ。Biodiversity Information Standards。旧名：Taxonomic Databases Working Group）という国際的な団体で議論され、今も拡張がなされている。具体的なフィールド名やその日本語による解説は後述するJBIFのサイトに記載がある（https://gbif.jp/datause/dataformat/）。ここでいうフィールド名とはExcelで記載する場合は列名をイメージすればよい。実際にサンプリングを行う際には、オカレンス情報を自分で記載する状況になるだろうし、作成した標本を後世に有意義に使ってもらうためにはGBIFのデータ形式を参考にオカレンス情報を付与することをおすすめしたい。例えば、Darwin Coreでは、採集地は国、州・県、あるいは島名を別々の項目として記載することになっているので、自身で記録するときはこれらを1つの項目に連続して記載するのでなく（例：沖縄県石垣市（石垣島））、これらを別々の項目として、つまりExcelだと独立した列として記載すると、後々のデータ処理が簡便である（例：県＝沖縄県、市＝石垣市、島＝石垣島）。加えて、この場合は沖縄県や石垣市など、埋める値の方もあらかじめキーワード集を用意しておいて、そこから埋めるようにするとデータが「きれいな状態」で保たれ、検索性も向上する。例として、地域名であればフランス領ギアナ、仏領ギアナ、フレンチ・ギアナ、フレンチギアナなど同じ地域でもいくつかの呼び名がある場合は標準的に使う1つを決めておく。別の例として種名であればアゲハとナミアゲハ、タマムシとヤマトタマムシ

図2　サイエンスミュージアムネットでのナガサキアゲハの検索結果

など名称が複数ある場合があるので、準拠する図鑑や種名リストを決めておいて、誰が入力しても同じ名称が記入されるようにする。

2. サイエンスミュージアムネット (S-Net) (https://science-net.kahaku.go.jp/)

　日本はGBIFに2001年の発足当初からかかわってきているが、2022年現在、GBIFにはオブザーバーとして参加している。GBIFの活動を日本で実施している組織がJBIF（Japan Initiative for Biodiversity Information：ジェイビフ。日本生物多様性情報イニシアチブ）である（大澤ほか、2021）。国立遺伝学研究所、国立環境研究所および国立科学博物館の3機関を中心に活動が行われている。JBIFのサイト（https://gbif.jp/）では、日本から登録されたデータを日本語で検索できるほか、GBIFに関する活動の紹介や研究会の資料、使い方の動画などを閲覧することができる。また、先のDarwin Coreの日本語による説明もJBIFのウェブサイト内にある。
　サイエンスミュージアムネット（S-Net：エスネット）はJBIFの活動の一環として、国立科学博物館によって運営されているサイトで、全国の博物館に収載される現生生物標本や化石標本を学名、和名、採集地、採集日などから検索できる（図2）。繰り返しになるが、博物館標本は、ただ集めただけの趣味でも倉庫の肥やしでもなく、その形態や採集情報を他の標本と比較することで分類や系統、進化の研究に用いる重要なリソースである。S-Netを用いることで、自分の興味のある標本がどこの博物館に収載されているかを検索することができ、場合によっては博物館にコンタクトして標本を閲覧したり貸し出しを受けることで自身の研究を進めることができる。

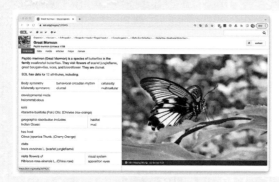

図3　EoL でのナガサキアゲハの検索結果

3. EoL (https://eol.org/)

　EoL（Encyclopedia of Life：イーオーエル）はあらゆる生物のナレッジベース（知識の集合体）である。さまざまな生物について，学名，別名，生息地，何を食べるか，何に寄生されるか，はたまた羽の有無などまで，さまざまな側面で知識が集積されている（図3）。EoL はその生物の写真や標本ラベル，また鳴き声の音声データも収集しており，これらの多くは Creative Commons ライセンス（CC-BY）が付与されているので，引用元を示せば自由に利用可能である。

4. BHL (https://www.biodiversitylibrary.org/)

　BHL（Biodiversity Heritage Library：ビーエイチエル）は一言でいえば生物多様性の文献を集めたサイトである（図4）。が，文献といっても Google Scholar（グーグルスカラー）や PubMed（パブメド）のような論文メインの検索サイトでなく，むしろ書籍や博物画，学会のアブストラクト集を多くカバーしている。2023 年 7 月現在，15 世紀から現在までの約 19 万タイトルの 6100 万ページを収載している。例えばリンネによる『Species Plantarum』（1753 年）のような日本では入手困難な歴史的文献をオンライン上で無料閲覧できることが大きなメリットで，物理的にアクセスしようとするとわざわざ欧米まで行って貴重な文献を劣化させるリスクを負いながら閲覧するか，書籍代や輸入代のような高い金額を使って取り寄せないといけないところを BHL が利便性を大きく向上させているといえる。BHL のサイトに行くと，本日の 1 枚というような形で博物画が紹介されたりしており，例えば，1900 年前後に出版されたファーブル昆虫記の原書が挿絵つきで読めたり，オーデュボンによるアメリカの鳥類の図版をカラーで見たりすることができる。ただ，BHL の真骨頂は，数百

図4　BHL の閲覧画面
表示は1833年発行の古書。

年前の文献を閲覧し，そこに記述された原記載をもとにタイプ標本やそれを収蔵する標本庫を割り出して，その情報からタイプ標本にまずはオンラインでアクセスする，というような使い方であろう。また，BHL から閲覧できるイラストも，標本と同様に色や形，特徴の記述など，当時その場所で存在したという証拠を垣間見ることができるものであり，古い記載においてはタイプ（基準標本）になっているものもある。文字情報も OCR されてテキスト情報として利用可能であるとともに，一部においては，記載された生物種等が何であるか対応づけられ，ある生物種等が登場する文献の検索も行うことができる。

5. GenBank Nucleotide (https://ncbi.nlm.nih.gov/nucleotide)

　分子生物学の分野では，遺伝子やゲノムなどの塩基配列が 30 年以上収集されデータベース化されている。この活動は米国の NCBI（National Center for Biotechnology Information），欧州の EBI（European Bioinformatics Institute），日本の国立遺伝学研究所内にある DDBJ センター（DNA DataBank of Japan）による INSDC（International Nucleotide Sequence Database Collaboration）の枠組みで行われていて，塩基配列や次世代シーケンサーのデータについては 3 者で同期が行われている。つまり，DDBJ に登録したデータが NCBI からも検索できる。GenBank（ジェンバンク）は NCBI から提供されている生物配列データベースで，厳密には塩基配列を扱う GenBank Nucleotide と，アミノ酸配列を扱う GenBank Protein に分かれている。このデータは DDBJ からも取得できるのだが，NCBI は他のデータベースも提供していて後述のように他情報へのリンクがあることと，他にも使い方の情報が多く出回っていることから，ここでも GenBank を紹介している。

生物多様性分野でもDNAバーコードやゲノム情報の側面から生物配列の利用が盛んに行われるようになってきているが，GenBankのなかにも標本IDや採集地の緯度・経度・高度などの記載をすることができる。例えば，GenBankに収載された昆虫の塩基配列データ700万件のうち37.5％の263万件に標本IDの記載がある（2021年12月時点）（Nakazato & Jinbo, 2022）。また，INSDCでは登録されるすべての生物配列について，サンプルが収集された国または地域，およびサンプルの収集日（少なくとも収集年）を原則として記載することを要件とすることをアナウンスしている。「原則」にあてはまらない例外として，場所や収集日のメタデータがない，もしくは対象が絶滅危惧種のために提供できない等の場合は，適切な欠損値を記載することで対応することとなった。このことから，名古屋議定書へのINSDCなりの対応という側面もあるが，結果的に生物多様性情報にリンクした生物配列情報が今後は集積されていくことが期待される。この要件は2023年に次世代シーケンシングデータ（SRA: Sequence Read Archive）とゲノムデータにはBioSampleへの記載としてすでに実施されており，その他の配列についても2024年末には適用される予定になっている（https://www.insdc.org/news/insdc-spatiotemporal-metadata-minimum-standards-update-03-03-2023/）。

　先に紹介したとおり，塩基配列の収集は30年以上にわたり行われているのだが，今でこそ一度の実験で大量の塩基配列を決定できるものの，当初は逆で，数回の実験で初めて1つの遺伝子の配列を決定できる程度だった。参考までに2000年前後のゲノム配列解読プロジェクトで用いられたキャピラリシーケンサーで読めるのは1レーン当たり500塩基程度である。このように，1つの登録で遺伝子の全長をとてもカバーできるものでなかったため，NCBIが複数の登録をつなぎ合わせて，それぞれの遺伝子について参照すべき配列を作成しデータベース化している。これがRefSeq（レフスィークまたはレフセク。すなわちReference Sequences）である。例えば，RefSeqに収載されたある遺伝子の全長を得る際は，RefSeqのページからキーワードを入力するか，もしくはGenBankをキーワード検索した後，左側のカラム中のSource databasesからRefSeqを選択することで目的の遺伝子の標準的な配列情報に辿り着くことができる。また，RefSeqの遺伝子に対して，ゲノム上の位置やGene Ontologyによる遺伝子機能，他のデータベースへのリンクなどのアノテーションデータを付与したデータベースであるGeneもNCBIは提供している。

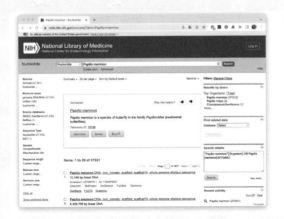

図5 NCBI Genome での
ナガサキアゲハの検索
結果

6. NCBI Genome (https://www.ncbi.nlm.nih.gov/genome/browse)

　ある生物について，ゲノム配列を得たい場合，GenBank を検索するよりも NCBI Genome を検索する方が手っ取り早い．個々の生物のゲノムを確認したい場合は検索フォームに名称を入力すればよいのだが，今回紹介している URL でアクセスできる「Genome Information by Organism」ページは，属や科などの分類群の名称を入力するとそこに含まれる生物種が列挙され，ゲノムサイズ，染色体数，contig 数，ミトコンドリアなどのオルガネラのゲノム数が一覧で比較でき，それらのソートも行える．また，個々の生物のページからはゲノム配列や遺伝子情報へのリンクがあり，ダウンロードも行える（図5）．

7. BOLD (https://www.boldsystems.org/)

　標本情報と塩基配列情報の両方を活用する好例が DNA バーコーディングだろう．これは，特定の遺伝子の DNA 配列をデータベースと照合することにより DNA 配列から生物種同定を行う手法である．バーコード領域としては動物では *COI* 遺伝子が，植物では *rbcL* や *matK* 遺伝子が一般的に用いられている．BOLD（Barcode of Life Data System：ボールド）は DNA バーコードのデータベースで，同定情報となる DNA バーコード配列や生物分類だけでなく，由来となった標本が採集された年代や場所，時には標本の写真も確認することができる（図6）．

　また菌類においては ITS 配列がバーコード領域として用いられており，UNITE (https://unite.ut.ee/：ユナイト) のサイトとしてこの ITS 配列がデータベース化されてい

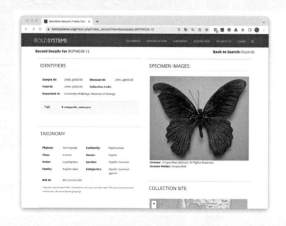

図6　BOLDでのナガサキアゲハの検索結果

る。

　バイオインフォマティクスは，DNA（配列）を対象にしていて，つまりDNAを対象にした生物学である分子生物学とともにあるといえる。一方で，博物館標本に立脚する情報は生物多様性情報学として発展してきており，不幸にもこれらは独立に並立する形で歩んできた。しかし最近では生物多様性分野では標本に対してDNAを抽出して系統や分類の根拠としたり，逆に分子生物学分野でもあらゆる分類群のゲノムを決めようとするEarth BioGenome Projectが進んでいて，これらの分野の融合が進んでいる（Lewin *et al.*, 2022）。特筆すべきはEarth BioGenome Projectでもサンプリングしたものを標本として残して博物館に寄託すべきとガイドラインが定められていることである（Lawniczak *et al.*, 2022）。このように標本とそれに由来するDNA配列の両方が紐づいたデータが今後さらに増えることが期待できる。実際にデータを融合させるには，さまざまな困難があって，例えば生物分類のデータベースとしてバイオインフォマティクス分野ではNCBI Taxonomyが用いられるが，GBIFも含めて生物多様性情報分野ではGBIF Backbone Taxonomyが用いられており，それらで生物名も分類体系も食い違っていたりしている。しかし，これらの困難を解決しようとする試みもMuseomicsの枠組みで行われており，今後，標本とそれを取り巻くデータはますます利用価値が高まっていくだろう。

引用文献

Lawniczak, M. K. N. et al. 2022. Standards recommendations for the Earth BioGenome Project. *Proceedings of the National Academy of Sciences of the United States of America* **119**: e2115639118.

Lewin, H. A. et al. 2022. The Earth BioGenome Project 2020: Starting the clock. *Proceedings of the National Academy of Sciences of the United States of America* **119**: e2115635118.

Nakazato, T. & U. Jinbo. 2022. Cross-sectional use of barcode of life data system and GenBank as DNA barcoding databases for the advancement of museomics. *Frontiers in Ecology and Evolution* **10**: 966605.

大澤剛士ほか. 2021. GBIF 日本ノード JBIF の歩みとこれから：日本における生物多様性情報の進むべき方向. 保全生態学研究 **26**: 345–359.

コラム5 ミュゼオミクス時代の博物館と その役割

大西 亘 (神奈川県立生命の星・地球博物館)

　「ミュゼオミクス」の研究対象である博物館資料（主に自然史標本）は，異なる2つの観点からとらえることができる。1つは自然界のある1点の時空間からサンプリングされた自然史標本としての観点，もう1つは，学術研究の証拠となり，同時に将来の研究材料ともなり得る学術情報としての観点である。ただし，いずれの観点も「ミュゼオミクス」によって新たに出現したものではなく，そもそも博物館の自然史標本とその学術的意義に由来するものである。では，「ミュゼオミクス」の発展が，こうした博物館資料の意義に対して何らかの影響を与えることがあるのだろうか。あるいは，「ミュゼオミクス」の発展を通じて博物館や博物館資料の役割に新たな展望が見出されるのだろうか。これまで各章で紹介された，実際のミュゼオミクスの適用事例などを踏まえ，本書の1つのまとめの形として，ここでは博物館資料とミュゼオミクス，それによって得られる研究成果が博物館と人類社会にとってどのような意義を持つのか，学術情報（＝研究データ）の流通の視点を軸に紹介する。

　なお，博物館資料を利用するうえで理解すべき博物館資料の意義，法的な位置付け，資料利用にあたって必要な許諾，一般的ルールやマナー，研究倫理については，**第14章**で説明しており，本コラムでは触れないが，本コラムならびに本書各章の適切な理解のために併せて参照することをおすすめする。

博物館の3つの機能に基づく活動とその利用者

　博物館は，①収集・整理・保管，②調査・研究，③教育普及・展示，の3つの柱を機能として持つ（**図1**）。博物館が社会における他の施設・機関と比べてユニークな点は，標本を含む資料（＝博物館の収集対象となるもの。自然史博物館の資料の例は**表1**参照）を中心として，これらの機能が展開されることである。同時に，これらの機能が資料を通じて相互に関連しつつ，それぞれの機能の活動と，資料の蓄積を果たすこともまた博物館の独自かつ特異な点といえる。すなわち，

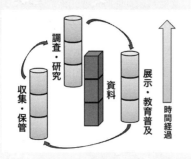

図1　博物館の基本の活動のイメージ(大西, 2020より引用)

表1　自然史博物館資料の区分(大西, 2020より引用)

種別	活動との関係	概要
研究データ	調査・研究	対象物の大きさや重さ，形，色，においなどの計測値や記録
文献	調査・研究	自然史関連の論文や図書，発表スライド，動画　発表を前提として体系的にまとめられた二次資料
標本	調査・研究／展示・教育普及	自然界から直接採取されたものか，自然界から直接採取された物体から採取されたもの
複製（レプリカ）	展示・教育普及	「標本」や自然界の物体（＝実物）を精巧にかたどりして製作されたもの
模型・教材	展示・教育普及	展示や観察会やワークショップなどの教育普及目的のために製作されたもの，説明資料や解説のための道具

　博物館は，資料を中心として，それらを集めること，調べること，得られた知見を広く社会に発信すること，を活動の基礎としており，その活動を通じて，資料を社会のさまざまな主体と接続する役割を果たしている。博物館資料は，これらすべての活動の中心にあって活動の原資となり，同時にそれぞれの活動を結びつけている。

　より具体的に説明すれば，博物館に集められた資料は，利用可能なように整理・保管され，調査研究によって，生物学や地球科学，あるいは考古学や歴史学といった，何らかの学術上の文脈における位置づけを付与される。次いで，付された学術的意義は従前から付随する資料の情報（e.g. 採集情報（＝いつ・どこで・だれが採集したものか）や同定情報（＝生物名），引用成果情報（＝資料を利用した先行研究で得られた成果））とともに，学術上の文脈を語る部品として，展示や講義・講演といった普及・教育に供される。こうした3本柱の機能に沿った一連の活動は，博物館資料があってこそ実現できるものである。

表2　博物館の機能から見た博物館利用者の例

「資料収集・保管」機能の利用者	自身の採集した標本や管理する資料を寄贈／寄託し、公共財としての整理を求める
「調査・研究」機能の利用者	調査・研究のために資料を利用（含むミュゼオミクス）
	調査・研究の共同実施やアドバイスを求める
「展示・教育普及」機能の利用者	展示室の観覧者や講座や催しの参加者
	報道資料の裏付けや解説を求めるメディア関係者
	出前授業や博物館見学など学校教育への協力を求める学校関係者

　なお、3本柱の機能それぞれにおける活動の蓄積が、一定のバランスのなかで推移することで、個々の機能がより強化されたり、博物館外部とのやり取りが活発になるなど、機能や活動の相互作用や連続性によって、博物館の活動全体の好循環を生ずる。一方、柱となる3つの機能のいずれかが欠けていたり、極端なアンバランスだと、好循環は望めず、博物館としての十分な機能が発揮できない[*1]。博物館にとってのアイデンティティともいえる3本柱の機能はまた、それぞれの機能を利用する博物館の利用者（表2）と繋がりを持つことで、社会に対して情報をやりとりする窓口となる。これにより、博物館の資料は、資料に基づき役割を果たす3本柱の機能を通じて、社会における多様な博物館の利用者と結びついている。ミュゼオミクスは、博物館資料をその研究対象とすることで、それを試料として用いた特定の学問分野のなかで完結するだけでなく、これら3つの博物館機能を通じた社会との接点を持つことになる。

博物館資料と引用先成果との相互参照性

　次に、社会における博物館（資料）利用の一例として、博物館資料の調査研究利用によって得られた学術成果が学術情報としてどのような意義を持つのかについて述べる。博物館資料は、研究活動を通じて論文などの学術成果に引用される。それによって、資料を引用した学術成果と、引用された資料の間には、引用元（被引用）文献と引用先文献の間で見られるようなクロス・リファレンスの関係性が成

[*1]　3つの機能のバランスは博物館によって、あるいは同じ博物館でも時期によって異なる場合があり、常に均衡状態とは限らない。

図2 博物館資料（左）と引用先研究成果（右）との間のクロス・リファレンスの関係性

立する（図2）[*2]。実際にクロス・リファレンスの関係性を元にデータベース上で双方向の参照を実現するためには、後述する参照システムの整備と運用が必要だが、博物館資料は一方的に引用参照されるだけでなく、元来相互参照性を構築することが可能という事実に留意してほしい。

現代の自然史博物館では、さまざまな「資料」が収集対象として取り扱われている（表1）。これらの「資料」は、その種別では厳密に区別できないものも含まれるが、1点1点の資料は識別可能であり、一般に資料番号（標本番号）と呼ばれる固有の識別IDが資料を管理する博物館において付与されている。ここでは資料を標本として考えてみたい。資料番号は、標本そのものに対して付与するだけでなく、標本の属性を示す、採集情報（＝ラベルデータ）、画像データ（2D／3D、静止画／動画）や実物資料の計測値、野外採取／記録時の周辺環境情報などのデータについても、個別の博物館資料として付与することができる。これによって実物資料や他の資料と区別することが可能となり、相互に関連情報として結びつける際の識別子としても有効に機能する。個々の資料が持つクロス・リファレンスの関係性について、論文と同じようにデータベース上で取り扱われるためには、学術情報としての資料番号が、個別の博物館の中でのみ通用する識別IDとしてで

[*2] ここでいう「クロス・リファレンス」とは、論文等の学術成果のデータベースにおいて、論文Aのデータレコード上で論文Aに引用された先行研究等の引用文献（Reference）の一覧が参照できるとともに、論文Aに引用された論文Bのデータレコード上でも、論文Aを含む論文Bを引用した後年の論文（Cited-reference）の一覧が参照できるような、引用した―引用された双方の論文データレコードに成立する相互参照の関係性のことを指す。

はなく，①国際的に標準化がなされていること，②永続的識別子（permanent ID；PID）である必要がある。すなわち，資料番号が論文等へ引用され，後年参照されても，国際的に資料が一意に識別できるように整理されていなければならない。具体的には，DNAデータバンクにおける遺伝子データのAccession No.と同じように，資料番号が整備され，論文中での引用参照時にも明示が必須の項目として取り扱われる必要がある。現状ではまだ資料IDを整備する博物館側にも，資料を利用する研究者や発表媒体（学術雑誌等）の側にも，このような整備と運用の意識が十分とはいえないが，国際的な状況としては，近年徐々にその方向性は定まりつつある。例えば，生物標本のような生物多様性関連資料については，Institution code / Collection code ＋ Catalog numberの組み合わせにより構成される資料番号としての標準化がなされている（GBIF, 2023）。また近年では，投稿時のチェックシートに証拠標本の標本室の場所や管理者を含む標本情報の登録と明示を確認項目として明記する学術誌も出てきており（Mitochondrial DNA part B, 2022），資料番号を学術成果へ引用することは近い将来に標準的な成果報告の手順となるだろう。研究者コミュニティやジャーナルにおけるルール整備は急務だが，博物館資料を利用する研究者においても，まずは資料利用時には研究成果への資料IDの引用明示することを心がけていただきたい。

多様な利用者をつなぐ博物館

2022年に採択されたICOM（International Council of Museums）による博物館の新定義では，「博物館は，有形及び無形の遺産を研究，収集，保存，解釈，展示する，社会のための非営利の常設機関である。博物館は一般に公開され，誰もが利用でき，包摂的であって，多様性と持続可能性を育む。倫理的かつ専門性をもってコミュニケーションを図り，コミュニティの参加とともに博物館は活動し，教育，愉しみ，省察と知識共有のための様々な経験を提供する。」と定められた（ICOM日本委員会 , 2023）。表2に示した通り，博物館には多様な利用者がおり，そのさまざまな利用者へ向けての情報発信拠点であり，情報や機会をつなぐハブでもある。

上に述べた博物館の定義において，「博物館は一般に公開され，誰もが利用でき，」とされている点は，現代における学術情報流通の基本方針である「開かれた科学（open science）」の考え方と整合的である。また，実際に現代の博物館とその周辺では，開かれた科学の理念に基づくさまざまな取り組みが実践されている。

このことは，資料の研究利用に対しても同様である。例えば，生物標本の多くは，伝統的には自然史の記載研究の第一歩を担う生物分類学において中心的に収集が行われ，主にその形態情報のみが学術データとして利用されてきた（海老原, 2016）。しかし，現代においては，生物分類学だけでなく，生態学や分子生物学など幅広い学問分野から生物標本の利用がある（鈴木, 2007; 細・鈴木, 2012; 海老原, 2016）。ミュゼオミクスにおいても，松前ほか（2022）では，①遺伝子を中心としたバイオインフォマティクス解析，②生態系における個体や種の情報を扱う生物多様性情報解析，そして③生物たるヒトが生み出した文化情報の解析，の3つの解析アプローチを結び付ける提案がなされており，博物館標本にリンクする可能性のある学術情報はますます広がりを見せている。こうした利用の実績や寄せられる期待からすれば，特定の専門学術分野において蓄積されてきた学術資料についても，学問分野の専門性によらず広く利用を受け入れ，さまざまな学問分野における人類の知の再構築に貢献すること（＝資料のオープン化）こそが，現代的な学術の発展のありようといえるだろう。オープン化された資料を介在した専門性の異なる視点と知見の接触について，筆者が体験した事例を紹介しよう。

　図3は，ある遺跡から出土した土器片であり，ふだんは埋蔵文化財の保管施設に収蔵されている。あるときこの土器片は博物館に展示されており，筆者が目にする機会を得た。土器片の右上に見える黒い部分は，その中央が凹んでおり，土器が焼成される際に埋め込まれていたドングリが焼けてできた痕跡と説明されていた。これを見た考古学の専門家である友人は「ドングリを埋め込んでいた意義」や「製作された年代」に関心を寄せていた。一方，植物学を専門とする私は「土器が製作されていた年代・場所の周辺にこのドングリの樹種が生育していたこと」にまず関心を持った。つまり，同一の資料を目にしても，目にした者の学問的背景や知識が異なれば，まったく異なる関心が生じ，異なるテーマが深められるのである。実際に，本書第4章の事例のように，遺跡から発掘された埋蔵文化財関連資料についてのミュゼオミクス的アプローチの成功例も出てきており，学術資料をめぐる学際的な取り組みは発展しつつある。ただし，異なる学術分野間では，学問的背景や，研究を進めるにあたっての作法，資料に対する考え方などが大きく異なる場合があることには十分な注意が必要である。

　筆者の私見ではあるが，学際研究の先駆者的成功例においては，研究者が異なる学問分野や，資料，関係者への敬意と慎重さを持っていたうえで，タイミングや人脈などの運にも恵まれて機会を得たと感じられる場合も少なくない。併せて言

図3 ドングリ圧痕のある土器

大地開戸遺跡出土　縄文土器片。千葉毅氏撮影。『かながわ考古学財団調査報告5：青野原バイパス関連遺跡』所収，第55図127。神奈川県教育委員会所蔵。

及するならば，本稿ではしきりと「博物館の利用」，あるいは「博物館利用者」の語を用いてきたが，ここで言う利用や利用者は，「資料を使うこと」「資料を使いたい客」のような意味で理解するのではなく，「人類の公共財である博物館資料の理解を学芸員などの関係者とともに深めること」といった意味でとらえるとよいのではないかと考えている。

　近年では考古学や歴史学分野においても，さまざまな生物科学の知見を取り入れた遺跡発掘資料に対する研究アプローチ（工藤ほか, 2014; 2017; 中塚, 2022）が盛んになっているほか，生物利用を含む環境史の解明（佐野, 2021）や，本草学資料を利用した過去の自然史研究（林, 2019）など，さまざまな学術分野での自然史科学にかかわりを持つ学際的な研究成果の蓄積が見られる。ミュゼオミクスに関心を持つ生物学研究者がこれらの研究成果に関心を持つことはもちろん，早晩考古学や歴史学などの分野においてもミュゼオミクスで明らかになった研究成果や，ミュゼオミクス自体に関心を持つ研究者が現れてくることが期待される。

　近年，博物館資料のデジタル化とweb公開が進み，webを通じて世界中で資料を介した知の接触や再構成が生じる機会が増大している。ここまで本稿では主に博物館資料の研究利用にのみ焦点を当てて述べてきたが，博物館資料の利用の文脈では，資料から得られた成果や関連情報は，実は研究利用以外でも，相互参照の関係性を構築することができる。例えば，博物館資料の展示履歴などがそれである。一般に博物館の展示会や展覧会（企画展・特別展のような名称で呼ばれることもある，いわゆるtemporary exhibition）では，展示会ごとに出品目録が作成される。これはすなわち研究成果での論文等での引用資料リストと対比され

るものであり，博物館資料データベースにおいて，展示会に出品された博物館資料のデータベースレコードの側にも，出品された展示会名称を蓄積して相互参照できる。資料の展示会出品履歴のことを考えてみれば，学術引用についてもその成果における適切な引用記載，資料管理における引用歴の整備，そして客観的な相互参照性の確保の必要性が容易に想像できるだろう。これに加えて，筆者がドングリ圧痕のついた土器（図3）の展示で体験したように，自身の専門的文脈のなかでは見えてこなかった／知るすべのなかった，異なる学問的文脈における同一資料への観点や研究成果を，資料を通じた相互参照システムによって知ることができる可能性がある。すなわち，博物館は資料の多様な利用ごとに，利用の内容とそれによる成果を，新たな人類の知識として蓄積し，再発信する場としてのポテンシャルを備えている。

　しかしながら，こうして生まれた知識が参照可能，再利用可能な形で蓄積されるには，体系的な蓄積の枠組みが必要であると同時に，研究利用の観点でいえば，利用者や潜在的利用者が，そうした研究成果や証拠資料，研究データの存在を知り，関心を持つプロセスが重要である。求められる体系的な知識の蓄積の枠組みや，資料・成果・関連情報の存在を知らせ，利用者や潜在的利用者の関心を呼ぶことは，現代の博物館に与えられた今後の課題であろう。海老原（2016）が指摘する第1世代，第2世代，第3世代の利用から，今まさに松前（2022）が指摘する文化情報の解析までをも含めようというミュゼオミクスの隆盛は，社会のさまざまな潜在的利用者に対する情報流通ハブとしての博物館の役割が試されているともいえるだろう。蓄積した資料と3本柱の機能に支えられ，多様な利用者を通じた社会との接点を持つ博物館におけるミュゼオミクスとは，博物館資料に対する新たな学術利用のアプローチとしてとらえるだけでなく，博物館の情報流通機能における現代的な変革を促すものと考えるべきである。

謝辞

　本稿の執筆にあたって，デジタルアーカイブ学会会員諸氏ならびに，東京都立大学の大澤剛士氏，科学警察研究所の吉川ひとみ氏，神奈川県立歴史博物館（現東京文化財研究所）の千葉毅氏，かながわ考古学財団の新山保和氏と新開基史氏，神奈川県立生命の星・地球博物館の瀬能宏氏をはじめとする方々には，本稿をまとめるうえで重要なご示唆，ご助言をいただきました。ここに記して感謝申

し上げます。また，本稿に関する研究成果の一部は，JSPS 科研費 JP17K18432，JP20K06096，JP21K01008，JP21K01012 の支援を受けて実施した。

引用文献

海老原淳. 2016. 21 世紀のハーバリウム活用とその課題. *Bunrui* **16**: 31–37.

GBIF. 2023. Global Registry of Scientific Collections. https://www.gbif.org/grscicoll （2023/2/6 参照）

林亮太. 2019. 博物館と生態学 (31) カタチのない自然史情報の価値をどう届けるか? 事例 3：江戸時代の本草学資料から過去の生物多様性情報を引き出す. 日本生態学会誌 **69**: 139–144.

細将貴・鈴木まほろ. 2012. 博物館標本の活用術. 種生物学会 (編), 種間関係の生物学, p.357–375. 文一総合出版.

ICOM 日本委員会. 2023. 新しい博物館定義, 日本語訳が決定しました. https://icomjapan.org/journal/2023/01/16/p-3188/ （2023 年 2 月 13 日参照）

岸田卓士　［種生物学会和文誌ミュゼオミクス］

工藤雄一郎・国立歴史民俗博物館 (編). 2014. ここまでわかった！縄文人の植物利用. 新泉社.

工藤雄一郎・国立歴史民俗博物館 (編). 2017. さらにわかった！縄文人の植物利用. 新泉社.

松前ひろみほか. 2022. 生物多様性と文化へと繋がるバイオインフォマティクス. *JSBi Bioinformatics Review* **3**: 88–114.

Mitochondrial DNA part B. 2022. GENOME ANNOUNCEMENT SUBMISSION CHECKLIST (version: 20220516). https://www.tandfonline.com/action/authorSubmission?show=instructions&journalCode=TMDN （2023/2/6 参照）

中塚武. 2022. 気候適応の日本史：人新世をのりこえる視点. 吉川弘文館.

大西亘. 2020. 自然史博物館×デジタルアーカイブ—オープンサイエンスを拓く一例としての魚類写真資料データベース. 中村覚 (責任編集), 自然史・理工系研究データの活用 (デジタルアーカイブ・ベーシックス 3), p. 89–111. 勉誠出版.

佐野静代. 2021. 外来植物が変えた江戸時代：里湖・里海の資源と都市消費. 吉川弘文館.

鈴木まほろ. 2007. 博物館と生態学 (4) 博物館が所蔵する生物標本の生態学的利用事例. 日本生態学会誌 **57**: 129–132.

第14章　標本のミュゼオミクス的利用について

岩崎　貴也*（お茶の水女子大学 基幹研究院）
大西　亘*（神奈川県立生命の星・地球博物館）

はじめに

　生物標本は「その時，その場所に，その生物が，その状態でいたこと」を示す直接的な証拠であり，生物学の研究には欠かせないものである。同じ種であっても，地域や個体によって大きな変異が存在するため，さまざまな地域から標本を採集し，収蔵していくことが重要である。本章では植物の腊葉（押し葉）標本を想定してまとめ，以下で標本と呼ぶものは植物腊葉標本を指す。さまざまな生物群の標本に共通する内容を意図してまとめたが，標本の管理方針や利用方法は対象の標本の種類によって異なることに注意されたい。また，本章では植物標本を収蔵する植物標本室（Herbarium）を以下「標本室」と統一して呼称する。ここで言う標本室とは，科学研究の証拠となる標本を人類共通の財産として収集・保管し，収蔵標本やその情報について，科学者の求めに応じて随時参照に応じる，科学研究上の役割を持つ機関または組織である。一般に標本室は博物館や植物園，大学や研究機関の中に設置され，部屋や設備を指す名称のようにも思われるが，そうではない。少なくとも，標本を収めた棚が並んでいるだけでは，標本室の役割は果たされない。科学研究に果たす役割において，例えば「博物館」と同様の機関・組織ととらえると理解しやすいように思う。標本室の意義や現状，課題については，**コラム 5** の内容も参照されたい。

1. 標本利用の歴史

　日本全国の植物標本室には，100 年以上前から採集された計 1500 万点を超える膨大な腊葉標本が収蔵されており（日本分類学会連合の国内重要コレクション調

---

*: Equal contribution and double corresponding author

査結果から集計：http://ujssb.org/collection/index.html, 2022 年 2 月 7 日確認)，それらの情報を活用した研究も盛んに行われてきた．時代とともに標本室の利用方法がどのように変遷してきたかについては，海老原 (2016) で 3 つの世代にまとめられており，分類学研究や同定資料として「形態」を利用する第 1 世代，分布や DNA，化学成分，染色体などを分析したサンプルの「存在」を示す証拠標本として利用する第 2 世代，そして，標本そのものの中に保存されている DNA や種子，化学成分などの「物質」，あるいは標本に付随する分布やフェノロジー，形態などの「情報」を利用する第 3 世代という順に利用方法の主体が変化してきたとされている．現在でもこの流れは大きくは変わっていないが，特に解析技術の発達と情報の蓄積によって，第 3 世代の利用がさらに大きく拡大し，本書の主題である「ミュゼオミクス」として大きな発展を遂げつつある．

　第 3 世代の「物質」利用のなかでも最も大きく進展したのは，標本そのものの中に保存された DNA の利用であり，本書でも多くの例を紹介している．標本中の DNA は紫外線や燻蒸などによって短く断片化してしまっていることが多いため，サンガーシーケンサーを用いる場合には，短い DNA 断片を工夫して増幅・解析する必要があった (**第 7 章**, **第 8 章**参照)．しかし近年，次世代シーケンサー技術が発展・普及したことによって，大量の短い DNA 断片を一気に解析できるようになり，標本 DNA から得られる情報は飛躍的に増大した．特に，MIG-seq などの PCR ベースの解析 (**第 9 章**参照) や，DNA プローブを用いた解析 (**第 10 章**参照) であれば，断片化がある程度進んでしまった標本 DNA であっても比較的低コストで効率よく塩基配列情報を得られる可能性が高いようである．さらには，特定の領域を濃縮するゲノム縮約をせず，ゲノム全体をショットガンシーケンスするだけでも，葉緑体やミトコンドリアなどのオルガネラゲノム，核リボソーム配列などの細胞内で多くのコピーが存在する配列であれば，標本ゲノムでも比較的容易に復元が可能であり (ゲノムスキミングと呼ばれる手法)，「Herbarium phylogenomics (Jiang *et al.*, 2022)」としても注目されている．また，全ゲノムがすでに現生個体で解読されている生物であれば，ショットガンシーケンスのデータをゲノム情報にマッピングすることで，全ゲノムレベルでの変異情報を得ることができる (Feng *et al.*, 2019)．さまざまな標本 DNA の活用方法については，本書以外に，Nakahama (2021) や Raxworthy & Smith (2021) の総説も参照されたい．他に，標本 DNA 以外では，標本の一部として保存されていることの多い「種子」の利用が挙げられる．乾燥させてから時間がたった種子であっても，乾燥方法や分類群によっては高い発芽能力を保持していることが報告

されており（平澤ら，2016; Wolkis et al., 2021），絶滅危惧植物の生育地復元などに役立つことが期待されている。

　第3世代のもう1つである「情報」の利用も大きく拡大している。なかでも最も情報の蓄積・公開が進んだのは，地球規模生物多様性情報機構（GBIF; Global Biodiversity Information Facility）やサイエンスミュージアムネット（S-Net）などで公開されている生物分布情報であろう。GBIFにおける標本の登録情報は2億2000万件（標本をともなわない観察記録の情報であれば23億件）を超えており（2023年8月17日現在），現在も情報が追加され続けている。もちろんすべての標本室の標本の分布情報が登録・公開されているわけではないが，多くの標本室が両データベースへ情報を提供しており，直接アクセスしなくても，利用者が得たい情報が十分に得られることも多い。ただし，絶滅危惧生物の生育地情報など，広く公開すると盗掘などのリスクが高まる場合には，このような公開データベースには登録しないか，詳細な位置情報を除いて登録するため，標本管理者に利用目的を明かしたうえで問い合わせて非公開情報を提供してもらうか，各標本室で直接，標本を閲覧する必要がある。

　生物分布情報などのメタデータだけでなく，高解像度の植物標本画像をデータベースで公開している標本室も増えてきている。例えば国内では，鹿児島大学総合研究博物館植物標本室，島根大学生物資源科学部デジタル標本館，東京都植物誌デジタル版，東京大学植物標本室，東北大学総合学術博物館が公開しているウェブページでは，多くの植物標本画像を閲覧することができる。今後，このような形で植物標本画像を閲覧できる標本室はさらに増えることが期待される。これまで形態観察や詳細な比較は標本室を直接訪問する必要があったが，目的によってはweb上ですべて完了するようなケースも増えてくるかもしれない。島根大学のデジタル標本館ではAIを用いた種の判定システムも公開しており（Shirai et al., 2022），兵庫県立大学人と自然の博物館が開発しているラベル読み取りシステムと合わせて（高野ほか，2020），デジタル標本の公開・利用はますます進んでいくだろう。ちなみに，海外ではこのデジタル化の動きが日本以上に進んでいる（高野ほか，2020）。標本情報へのアクセスが容易になると，過去の標本から時代とともに外来生物や在来生物の分布がどのように変化してきたかについて解析した研究（オナモミ属3種の例：藤井，2009; ミチタネツケバナの例：Matsuhashi et al., 2016）や，地理的な変異を調べた研究（ミズヒキの例：新田ほか，2020）などがさらに増えることが期待される。他に，地球温暖化の影響を受けて植物のフェノロジーがどのように変化

してきたかを調べた研究（Willis et al., 2017; Ramirez-Parada et al., 2022）なども増えてきており，歴史的な生物の変化を明らかにするうえでも標本情報は欠かせないものである。ユニークな研究としては，植物標本の写真からスペクトルの分布を分析し，そこから機能形質の予測や種同定に役立てる試みもあり（Kothari et al., 2022），今後もわれわれが予想もしていない利用方法が開発され，標本から多くの情報が入手できるようになるかもしれない。

2. 標本利用に対する共通の心構え

　海老原（2016）のいう第1世代，第2世代の利用に対し，第3世代の「物質」や「情報」としての標本のミュゼオミクス的利用は想定外の利用形態であるかもしれない。しかし，標本室が人類が地球上の植物を把握し，参照して，理解を深めるためのアーカイブズであるならば，第3世代の利用もその目的に適ったものであるといえる。

　ただし，標本は，半永久的に保管することを念頭においた公共財として，可能な限り収蔵開始当初の形状や性質が失われないようにする配慮のもとに管理がなされており，消耗品のように利用してよいものではない。このことは社会通念にとどまらず，法令上においても定めがある。まず公立博物館の多くにおいて，博物館資料の取扱いに関する条例等が制定されている。また，地方自治体の設置した博物館であれば，地方自治法により標本は地方自治体の財産と見なされる。さらに，一部の標本にのみ適用される法令もある。例えば，調査対象が絶滅のおそれのある野生動植物の種の保存に関する法律（いわゆる「種の保存法」）により指定された生物の標本である場合には，その一部のサンプリングであっても，譲渡と見なされるため，環境省への届け出が必要な場合がある。これらの事情により，標本管理者が標本の破壊的利用に協力するためには，こうした法令上の定めに沿った特別な手続きと各方面との調整を行う必要がある。

　このような標本を保全すべき位置づけがありながらも，実際には，保管に適した環境条件下でも長期間には経時的変化が生じる。また，整理，閲覧，調査，展示などの利用を通じて，標本がゆるやかに損耗することは避けられない。このように，保全すべき事情にも損耗の程度にも個々の標本ごとに違いがあり，特にサンプル採取をともなう標本の利用の可否を単一の基準で判断することは難しいだろう。実際には，標本ごとに稀少性や標本の状態，損耗のリスクが異なることから，各標本室の運用ルールなどに沿いつつも，標本管理者によるケース・バイ・ケースでの判

断と対応がなされているのが実情と言える。現代の科学の発展に役立てることと同時に，次世代の研究リソースでもあることから，博物館標本の利用には一定の制約を課さざるを得ない事情があることは，利用者と標本管理者双方が理解しておく必要がある。

そのため，標本調査を計画する場合には，学術的な意義と見込まれる成果を正確に示し，その標本に対して一定の損耗をともなう調査を実施すべき事情を整理したうえで，標本管理者に申し出ることが望ましいあり方である。実際の標本調査に当たっては，可能な限り損耗箇所が最小限になるよう，また他の研究目的における価値を毀損せぬよう，標本管理者とともに調査手法の検討をすべきであろう。ここで述べておきたいのは，標本管理者は「収蔵している標本を最大限有効活用して，面白い研究をして欲しい」，利用者は「標本を有効活用して，面白い研究をしたい」と考えており，両者の関係は決して対立的ではないということである。お互いの事情を理解し，（個人のものではなく）公共財である標本を，将来的な利用可能性まで含めて最大限に有効活用する方法を一緒に考えていくような姿勢が重要ではないだろうか。

3. 標本利用の実際の流れ

ここからは，利用者・標本管理者両方の視点からの標本利用の具体的な流れや留意すべき事項について述べる。研究者が標本を自身の研究で利用したいと考えた場合，最初にすべきことは，その標本についての下調べである。博物館・大学どちらの標本室の場合でも，アクセス可能な標本には標本管理者がおり，そこへ真っ先に問い合わせを行うのが近道のように見える。しかし多くの場合，標本管理者は他のさまざまな業務を同時に抱えており，何でもかんでも最初から問い合わせていては，ただでさえ多忙な標本管理者の業務をパンクさせてしまうことが危惧される。多忙過ぎる標本管理者の場合，下調べなしで相談をしても返事さえもらえないこともあるかもしれない。標本室のある大学出身であったり，博物館での勤務経験があったりする場合には，標本管理者側の事情がある程度想像しやすいと思われるが，そうでない場合は特に注意が必要である。利用者・標本管理者ともにwin-winの形での利用を促進するため，次のようなことに留意すると相談がスムーズに進むことが多いと思われる。

まず利用希望者は，標本管理者への問い合わせ前に，自分が欲しい情報が何なのかについて，できる限り具体的に整理しておくことが必要である。webデータベー

スの参照で完結するような標本や採集データの閲覧にとどまるものか，標本の直接観察が必要な利用か，標本の損耗をともなうサンプル採取であるか，などは標本を利用するうえで大きく意味が異なる。また，標本データベースが公開され，標本情報が参照可能な場合は，検索して自分が利用したい標本があるかをチェックし，標本番号や分類群名，採集情報を含めて候補を一覧にしておくことも，スムーズな利用には有効である。形態の確認や分布情報の収集の場合，博物館のデータベース上の写真や公開データだけで欲しい情報がすべて得られることもある。なお，公開された標本データベースは，S-Net や GBIF などのポータルサイトや，博物館等機関独自の web データベースの形で情報発信がなされているが，すべての標本室が情報発信を実施できているわけではなく，また標本情報を発信している標本室でもすべての収蔵標本の情報を発信できているわけではない。標本室では標本整理や情報発信のための作業の人手が不足しているうえ，常に新しい標本の加入があるため，100％の情報発信は現実的に不可能なためである。対象標本が特殊な標本である場合や，博物館の場所や対象分類群的に収蔵が強く期待されるにもかかわらず，公開データベースではどうしても情報が見つからない場合には，直接，標本管理者に収蔵の有無について尋ねてみるのも手かもしれない。

　試料採取のような損耗をともなう標本利用の希望が出された場合，利用の可否について標本管理者が慎重な検討をすることは当然として，そのうえで標本室内部の委員会などで審査が行われる可能性も念頭に置くべきである。標本は標本管理者の私物ではなく公共財である。標本管理者としては，管理を預かる公共財の提供には相応の説明責任が求められる。少なくとも，利用者の身分と社会的信用が確認でき，標本を適切に取り扱う能力を備えているか，具体的な調査目的とそれに沿った研究計画があるかについて確認し，必要に応じて第三者に説明できるようにしておかなければならない。そのため，例えばこれらの要件を欠いた依頼に対しては，標本の利用を認めるわけにはいかない。大学院生などは独立した研究者として自身で研究を進めるべきという方針の研究室もあると思われるが，大学の外から見れば，学生の研究活動は教員の責任の範囲内で実施される教育活動としてとらえられる。学生（大学院生を含む）が標本利用の依頼メールを送る場合には，指導教員や研究室主宰者（PI: principal investigator）を CC に入れて，責任の所在を明らかにしたうえで利用の問い合わせをするとよい。また，指導教員や研究室主宰者においては，学外の機関を学生教育に巻き込むわけであるから，まず指導教員や研究室主宰者から，学生教育において標本利用を計画していることを伝えた

うえで，協力の依頼と，学生からメールさせる旨をあらかじめ伝えておくことが望ましい。

なお，教育活動かどうかにかかわらず，標本調査の依頼時に調査目的と研究計画が明らかにされていると，案内しやすいだけでなく，関連する情報提供も可能となる（なお，標本管理者は，研究者の不利益にならぬよう，明かされた調査目的や研究計画についての守秘義務を果たすことは当然の責務である）。標本管理者を信頼して，研究全体のサンプリング計画やデータが必要な期限なども含め，腹を割って相談した方がお互いにとって良い形での利用ができるだろう。事情が許せば，標本管理者が情報の精査確認（生物名同定，採集記録年月日，採集記録場所のデータなど）を手伝ってくれることもあるし，一般あるいは他の利用者に提供していない技術や知見の提供をしてくれる場合もある。そのような場合，標本管理者に共同研究者や共著者となってもらうことで，利用者と標本管理者の双方にとってwin-winとなる場合もあるだろう（学生の立場であれば指導教員や研究室主宰者と相談する）。

標本室へのアクセスは，各標本室のwebページや，ニューヨーク植物園が主宰する標本室のポータルサイトIndex Herbariorum（IH; https://sweetgum.nybg.org/science/ih/）などで知ることができる。Index Herbariorumでは，論文などで引用されることがある標本室コード（herbarium code）でも検索が可能である（例えば，神奈川県立生命の星・地球博物館であればKPMというコードが割り当てられている）。ただし，日本国内の小規模な標本室についてはIndex Herbariorumに掲載されていないこともあるので注意が必要である。

実際に資料をサンプリングする場合のアクセスについては，各標本室によって状況が大きく異なる。日常的に外部からの標本調査を受け入れている標本室では，後述するような標本からのサンプル採取の可否も含めて，手続き方法が整備されていることが多く，基本的には標本室の案内に従ってアクセスすればよい。しかし，外部からの標本調査が少ない標本室であれば，資料提供にかかる手続きが整備されていなかったり，研究目的での標本利用が想定されておらず，研究者からの申し出のたびに必要な手続きの内容から検討しなければならなかったりすることがある。特に，標本からのサンプル採取をどの程度まで認めるか（まったく認めない場合も含む）については，標本室によって状況や方針が大きく異なると思われる。今後，各標本室が標本利用のガイドラインやポリシーを定め，その内容を公開すれば，利用者もアクセスの段階で検討ができるようになり，さらに標本からのサンプル採

226　4. 標本利用の具体的な方法

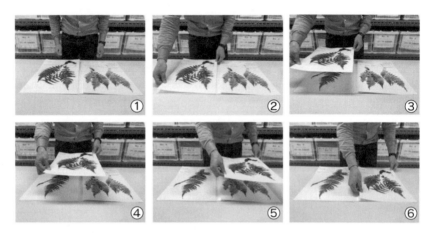

図1　植物腊葉標本を取り扱う際の基本的な動作
台紙に貼られた標本を取り扱う際（①）には，両方の手で対角線の離れた台紙上の位置を持ち（②），重なった標本の最上部の1枚を垂直に持ち上げ（③），動かさない標本との間に垂直方向の空間を維持して（④），標本を置く場所の上まで水平に動かし（⑤），次いで目的の位置まで静かに垂直に下げる（⑥）動作が基本である。

取についての議論がより進むようになるかもしれない。

4. 標本利用の具体的な方法

　利用者ができる範囲の下調べを行い，自分が利用したい標本がその標本室にあり（あるいは，情報は見つからないが，収蔵されている可能性が高そう），かつ利用できそうだとわかった場合，次は標本管理者へコンタクトを取ることが必要である。具体的にどのようなことに注意して利用すべきかは利用方法によって大きく異なるため，4.1. サンプル採取をともなわない標本閲覧，4.2. 標本からのサンプル採取の2項目に分けて整理した。ただし，ここで紹介するのはあくまで（比較的スタンダードと思われる）一例であり，博物館によって事情が異なる可能性があることには注意して欲しい。

4.1. サンプル採取をともなわない標本閲覧

　まず，植物標本の利用で，現在でも最も多いと思われる標本閲覧の際の注意について紹介する。この場合，目的は形態やラベル情報の閲覧であり，基本的に標本に大きな損傷が発生することはない。そのため，利用時のハードルは低く，特別

第 14 章　標本のミュゼオミクス的利用について　　227

な申請なく自由に，あるいは訪問についての管理者とのアポイントメント程度で利用可能であることが多い．ただし，腊葉標本は乾燥していて壊れやすいため，取り扱いには十分に注意が必要である．特に，標本を取り扱った経験がない場合には，標本管理者に取り扱い方法のレクチャーを依頼すべきである．

　腊葉標本の場合，平らに押して乾燥させた植物が，ラミントンテープなどによって台紙に貼り付けられている．台紙を折り曲げると植物が曲がって壊れてしまうため，決して折り曲げないように注意する．標本を取り扱う際には，両方の手で対角線の離れた場所を持ち，重なった標本台紙の最上部の 1 枚を垂直に持ち上げ，動かさない標本との間に垂直方向の空間を維持して，標本を置く場所の上まで水平に動かし，次いで目的の位置まで静かに垂直に下げる動作が基本である（図 1）．片手で台紙を持ち上げることは絶対にしてはいけない．また，台紙に対して標本が貼り付けられている面は常に上面となるようにし，本をめくるようにひっくり返したりすることも厳禁である．標本は種や変種といった分類群ごとに複数枚が重ねられ，ジーナスカバーと呼ばれる二つ折りの紙の間に収納されている．この重ねられた標本の束から目的の標本を取り出す際には，目的の標本の上部にある標本を上述の基本動作に沿って，必ず持ち上げて動かさなければならない．持ち上げずに目的の標本を水平に引き抜くと，上下に位置する標本を擦ってしまい，それだけで標本は破壊される．標本閲覧の際，ジーナスカバー内の標本の順番は変わっても問題ないことが多い．ただし，標本室では特定の分類体系に沿って標本の配架順を定めており，各分類群のジーナスカバーに収める位置は厳密に決まっている．正しく配架されていることを前提として運用されているため，万が一，間違った位置へ戻してしまうと，その標本を発見するのは容易ではなく，最悪，何十万点に及ぶ収蔵標本すべてをめくって探す必要が出てくる．したがって，必ず元の場所に同じように戻さなければならない．

　出版物などでの標本画像の公開を計画する場合には，公開に当たって配慮すべきことがあるかどうかを標本管理者に相談することが望ましい．特に，標本に付随する採集情報（生育地や採集者，採集年月日の情報など）の公開は，保全への配慮や，現地情報提供者への配慮などが標本室によって実施されている場合が多い．生育地・生息地の破壊や標本採集者・情報提供者の不利益につながらないよう，情報公開のレベルを検討し，適切な情報管理を実施することは，標本管理者・標本利用者の双方にとって必要な配慮である．論文等での成果発表時にも標本写真を提示すると，ラベルの内容が読み取れてしまうことがあるため，その論文に

必要でない情報はラベルから読み取れないように画像を加工するなどの配慮が必要である。また、公開を計画する標本撮影の際には手続きを必要とする標本室もある。

　閲覧した標本のラベルに記載されている内容（多くは分類群名）が適切でないことに気づいた場合、アノテーションラベルにその内容を記入し、標本に付して、標本管理者に申し出る。標本室では一般に利用開始時の説明の際にアノテーションラベルやアノテーションを付した場合の標本の取り扱いについて示されるが、説明のない場合には必要な事態が生じた際に必ず取り扱い方法を尋ねるべきである。利用する標本室で用いる専用のラベルや糊、データベース修正の手順が定められている場合があるので、標本管理者に断りなく、ラベルを糊で貼り付けたり、ラベルを付した標本を元の標本の束やロッカーへ戻したりしてはいけない。記入済みのラベルを該当標本とともに取り置き、標本管理者に尋ねることが望ましい。標本ラベルの修正すべき点を見つけてアノテーションラベルを貼る行為は、標本のアノテーションと呼ばれ、標本室の整理と質の向上には欠かせない作業である。同定が難しい分類群や分類学的研究が十分でない分類群では、再同定されてアノテーションラベルがついているケースが多い。逆に、検討されていない場合は誤同定が多いことにも注意が必要である。標本ラベルの同定結果を鵜呑みにするリスクについては、Rabeler et al. (2019) でも指摘されている。また、標本室によっては、まだデータベース化が済んでいない標本画像を利用者に共有し、データベース化のための情報入力に協力して欲しいという依頼がなされる場合もある。利用者としては自身が利用できる情報が増え、また博物館の資料の充実につながるので、利用者も積極的に貢献することが望ましい。このように標本室利用の際には利用者が標本室の質の向上に貢献することも重要であり、多くの場合、標本管理者には喜ばれる。標本室の質の向上は、利用者と標本管理者の双方が取り組むべき対応である。

4.2. 標本からのサンプル採取

　近年、利用が急増しつつあるのが、DNAの解析や、電子顕微鏡・マイクロCTによる形態観察、成分分析など、標本作製時には得ることができなかった情報の入手を目的とした標本からのサンプル採取である。本書の主題である標本のミュゼオミクス研究は、このような利用が中心である。ただし、すでに述べたように、標本は半永久的にその状態で保存していくことが前提の公共財であり、そこからサンプル採取をするということは、多少なりともその公共財を不可逆的に損傷すること

になる．そもそも，近年のミュゼオミクス的標本利用以前から，主に分類学における形態観察を目的とした標本利用にあっても，標本の破壊的利用の可否や，損傷が許容される程度については，標本管理者間で議論があり，また実際には事案ごと，あるいは対象標本ごとの事情も踏まえ，標本管理者による慎重な判断が行われてきた．

これまでに行われてきたミュゼオミクス研究の結果，標本の新しい利用方法として，標本からのサンプル採取に理解を示す標本管理者は増えてきたように思われる．しかし，サンプル採取が不可逆的なものである以上，標本管理者には標本の破壊的利用に否定的な考えもある．

標本からのサンプル採取の可否は，1つの標本室内であっても一律の基準で決められるようなものではなく，研究の目的や重要性，そしてその標本の稀少性・必要性から，標本管理者がケース・バイ・ケースで慎重に考えざるを得ない．利用者側も，サンプル採取を認めてもらえて当然という態度ではなく，その標本からサンプル採取をしなくてはならない理由を標本管理者に丁寧に説明する必要がある．まず，利用者にその分析方法による研究実績が十分にあることが前提となる．限られた博物館資料を無駄に損傷しないために，利用者は手持ちの試料などを用いた予備解析によって成果が確実に得られることを確認し，そのことを標本室側に伝えるべきである．場合によっては，他の標本室に収蔵された重複標本（同じ場所で同時に採集された標本）の利用を薦められる場合もあるだろう．S-NetやGBIFのデータベースで調べれば，同じ時期に同じ場所あるいは近い場所で採集された標本の収蔵先がわかるため，各標本室の管理ポリシーと合わせて検討し，最初からサンプル採取が認められやすい標本室にコンタクトを取るのも有効である．ちなみに，標本DNAは，殺虫のための薬剤燻蒸によって断片化が一気に進んでしまうため（小菅ほか，2004），各標本室の燻蒸の頻度や薬剤の種類などが事前に公開されていれば，その情報を元にDNAサンプルを採取する標本室を選ぶこともできる．どれくらい古い標本まで解析可能かは，燻蒸を含む保管方法や用いる解析方法によって異なるため，一概にはいえない．先行研究を十分に調査し，研究目的と成功可能性を考慮したうえで，最もよい標本（標本室）の選択・解析方法を検討する必要があるだろう．

ここで，利用者から標本の一部を採取する要望を受けた際に想定される，標本室側の検討過程について概要を説明しておきたい．検討の過程は2つの段階に分けられる．

230　4. 標本利用の具体的な方法

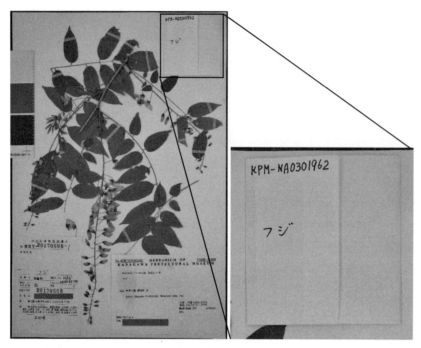

図2 フラグメントホルダーの貼られた標本台紙（左）とフラグメントホルダーの拡大（右）

標本作製時に落下した標本の一部，落下しそうな部分を入れておく小袋。標本台紙の余白にフラグメントホルダーの背面に糊を付けて貼る。もしも台紙から落下しても元の台紙に戻せるよう，フラグメントホルダーを折り畳んだ表面には標本番号と植物名を記入する。

①第一段階は，標本の形状を変更する採取が認められるか，の検討，

②第二段階は，部分採取が認められるとして，それぞれの標本についてどの程

---

*1 観察などのために，標本から切り離した花や果実などのパーツを入れる紙製の小袋（図2）。標本台紙に貼りつけて標本とともに保管する。花被を切り離して内部構造を観察したり，果実を割って種子を確認したりするなどのように，対象部位の形状は改変されるが，形状を変えてその大半が残存する場合がある。その場合，観察した部位は廃棄せずにフラグメントホルダーに入れて保管する。こうした利用は，主に形態観察を目的として，標本室では伝統的に実施されてきた利用形態でもある。フラグメントホルダーは，標本作製時に壊れやすい部位をあらかじめ切り離して入れる場合や，標本作製時や閲覧時に標本の一部を損壊あるいは外れてしまった場合にも用いる。フラグメントホルダー自体が台紙から外れてしまったときのために，フラグメントホルダーの表面には標本の資料番号をフルスペルで記入する。あわせて種和名も書き添えておくとエラーチェッ

第14章 標本のミュゼオミクス的利用について　*231*

度まで，どういった方法ならば認められるか，の検討である。

　①では，収蔵する標本でサンプル採取を実施することが，研究目的と計画に照らして妥当な行為と判断する必要がある。この段階の検討では標本室の標本管理者の判断だけでなく，機関や組織としての判断が含まれる場合があることには注意が必要である。特に標本の利用について，条例上の定めがあったり，研究利用を想定していなかったりする場合，研究上の重要性や必要性とはまったく異なる観点から判断がなされる場合もあるだろう。このような場合には，標本管理者に色よい返事をもらっても，標本管理者が機関や組織内部の理解を得られる形で説明できなければ利用は認められない。標本管理者が利用者に代わって内部で説明できるよう，利用者は標本管理者に対して，研究内容と目的について十分な情報提供を行い，利用の調整も含めた協力を得る必要がある。なお，標本管理者は，DNA解析の事情を把握しているとは限らない。標本管理者が植物標本の扱いに精通していない，あるいはDNAのための標本提供を実施したことのない標本室であれば，標本提供の経験を持ち，対応をお願いできそうな別の標本室の標本管理者に助言や仲介を求めることも選択肢とするとよいだろう。

　なお，法令における定めの有無にかかわらず，標本室やその設置者が標本利用についてのルールを定めている場合，特に標本利用を申請し，許可を得て利用する場合には，申請時の目的に沿った利用以外は認められないことに注意が必要である。例えば，Aの研究プロジェクトを目的として利用を申請した場合に得られた試料があった際，試料提供元の標本室に無断でその試料をBの研究プロジェクトに流用することは一般に認められない。供試するサンプル自体は同じだとしても，Bの研究にも利用したい場合には，その旨を別途利用申請し，あらためて標本室から許諾を得るべきであることに注意されたい。このことは前述した標本画像の撮影についても同様である。

クの意味でも有用である。
　標本室の伝統的な手法では，標本作製時の植物体のかけらや根についた泥なども含めて意図的にフラグメントホルダーへ入れることがある。また，1枚の台紙に貼られた植物体がすべて同一個体とは限らない（複数のシュートが貼られていて同一個体由来かが判定できない）場合もあり，フラグメントホルダー内の状態によっては，研究の目的に照らして台紙に貼られた標本の一部から採取することを願い出るべき場合もある。
　今後，DNA解析用のサンプル採取が増えるであろうことを考えると，DNA解析用の葉片（その標本の植物個体から外れたことが確実なもの）を入れるDNA解析用フラグメントホルダーのようなものを新しく付けることも有効かもしれない。

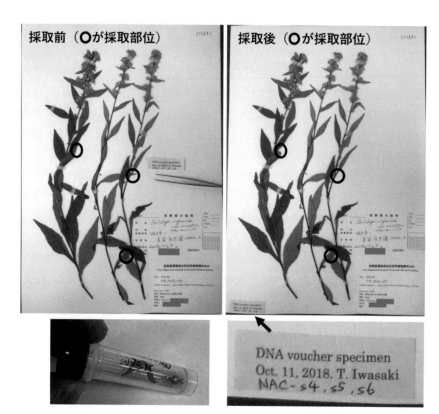

図3 DNA解析用サンプルを採取前（左）と採取後（右）の標本

サンプル採取の前後で，できるだけ植物の同定や形態解析に影響が出ないよう，重なっている下の葉や折れ曲がった葉の一部などを選び，5〜10 mm角程度の葉片をサンプルとして採取する．滅菌したDNA抽出用の2 mLチューブ（写真はWATSONのチューブ）に破砕用ビーズを事前に入れて準備しておき，標本室で採取した葉片をその場でチューブに入れて持ち帰る．サンプル採取後は，DNA voucher標本であることを示すラベルを台紙の空きスペースに貼り付ける．目的によるが，1枚の台紙に複数の個体が貼り付けられている場合は，それぞれを区別してサンプルを採取することもある．

②では，可能な限り損耗箇所を最小限とし，特に，葉・花・果実などは同定や分類学的研究などで参照される部位であるため，相同形質が複数残ることを確認しておく必要がある．相同形質が残り少ない場合は，その標本からのサンプル採取はせず，他の標本の利用を検討すべきである．標本には，フラグメントホルダー（図2）[*1]と呼ばれる紙袋がついている場合があり，その中に必要な部位が入ってい

た場合はできるだけそこから採取した方がよい。それらに配慮したうえで，利用者と標本管理者で相談して採取箇所と方針を決め，標本管理者の了承を得て利用者が採取することが望ましい手順である。標本室によって管理ポリシーも異なるため，いつもの方法だからという意識で勝手に採取したりしてはいけない。

さて，サンプル採取の許可が得られた場合でも，標本からのサンプル採取は必要最小限にとどめることが大前提である。DNA 抽出では，標本の一部を台紙に貼り付けたまま溶液に浸すことで，標本の形態や色をほとんど変えることなく，DNA を抽出する方法が開発されている（Sugita *et al.*, 2020; 第 13 章参照）。予定している解析で必要な DNA 量にもよるが，微量の DNA でも PCR 増幅さえできれば十分なのであれば，積極的にこのような手法を採用するべきであろう。

サンプルの葉片を採取する必要がある場合，できるだけその標本の形態的特徴を損なわない場所の葉（例えば，重なっている葉の下側など）を，他の部位に影響を及ぼさないよう，ピンセットなどで切り取るように慎重に採取する。筆者の場合，事前に自分の研究室でサンプル破砕用の滅菌済み 2.0 mL チューブ（研究開始時は WATSON のスクリューキャップチューブ 1392-200-SS シリーズを使用していたが，現在はフナコシが取り扱っている SSI の頑丈なスクリューキャップチューブ 2641-0B を使用。液体窒素で凍結させたうえで時間をかけて破砕する場合，頑丈なチューブでないと破損する場合があるので注意が必要）に破砕用のステンレスビーズ（5 mm×1＋2 mm×2）を入れて準備しておき，標本室では採取した葉片をその場でチューブに入れて持ち帰るようにしている（つまり，1 回の DNA 抽出に必要な量しか採取しない）。また，「DNA voucher specimen ＊＊＊＊＊＊（サンプル番号）collected by（利用者）（日付）」といった情報を書いた紙片を用意しておき，サンプル採取後の台紙の空きスペースにタグとして貼るようにしている。サンプル採取の前後には，どこからどの程度のサンプルを採取したかがわかるように，写真撮影もしておくとよいだろう（図 3）。実験室に持ち帰った後の DNA 抽出における注意点については，第 9 章にまとめたので，参照されたい。

最後に

本稿では，植物の腊葉標本を利用対象として想定したうえで，標本の利用方法の変遷について紹介し，近年に利用が拡大しつつあるミュゼオミクス的な標本利用を行う際の注意点や流れ，具体的な方法について，利用者・標本管理者の両方の視点からまとめた。すでに繰り返し述べているが，標本の利用で大事なのは，利

用者・標本管理者がお互いの立場や考え方を理解し，標本が将来に残すべき公共財であるという前提に立ったうえで，win-winになるような建設的な方向性を一緒に考えていくことである．また，標本を利用してその場で終わりではなく，利用者はきちんと研究成果を発表して標本室にも還元し，標本管理者もさらなる利用促進のために情報公開をすることで，将来にわたってのサステイナブルな学術標本利用の維持を考えなくてはならない．

また，本文中では深く触れることができなかったが，標本室の維持には標本の採集者（寄贈者）の存在も欠かせない．標本室に収蔵されている標本は，所属している研究者が採集したものに加えて，購入標本や交換標本，そして地域の研究者や市民ら採集者からの寄贈標本でなりたっており，標本管理者・採集者・利用者の3者の関係を考えることが学術標本利用の維持には必要である．採集者を含めた視点については，志賀（2013）で詳しくまとめられているのでこちらをぜひ参照されたい．

最後に，これから標本からのサンプル採取を含むミュゼオミクス的な利用を考えている利用者，そしてそのサンプル採取申請を受けた標本管理者それぞれが，オープンでフェアな相談ができるよう，おそらくほとんどのケースで共通して重要になると思われるチェックリストを下に作成した．もちろん，これらを満たせばすべてOKというような一律の基準になるようなものではないし，常にすべてを満たさないといけないわけではない．これには当てはまらない個別の事情も多くあると思われるが，このリストを元に標本管理者と利用者で十分に相談しながら進めることが何よりも重要であり，ミュゼオミクス的な標本利用の最初の第一歩として役立てていただければ幸いである．

＜標本からのサンプル採取を行う利用者側のチェックリスト＞

研究目的と計画を標本管理者に説明し，標本室としての承認を得ましたか？

サンプル採取を計画する標本リストの案をまとめ，標本管理者に確認しましたか？

サンプル採取をする際の部位や大きさの決め方について，標本管理者に確認しましたか？　それは必要最小限の量ですか？

サンプル採取の前後で写真を撮影し，標本のどこからどれぐらいのサンプルを採取したのかが後で確認できるように記録を取りましたか？

サンプル採取をした後，標本台紙にDNA voucherラベルなどのタグを付けましたか？

サンプル採取をした標本のリストをまとめ，作業後に標本管理者に報告が必要なことを理解していますか？

使用した標本室や標本番号の情報を論文中に記載することを理解していますか？

使用した標本室や標本管理者の名前を論文の謝辞に記載することを理解していますか？

　　＊研究に対して特に大きな貢献をしてもらった場合は，標本管理者を共著者に加えることも検討する必要があります

研究成果発表時に，標本室に成果物（論文の別刷りや PDF ファイルなど）を送る必要があることを理解していますか？

<標本からのサンプル採取申請を受けた標本管理者側のチェックリスト>

収蔵標本の情報を web データベースで公開していますか？

標本の試料利用についてのポリシーやガイドラインはありますか？

利用者の研究目的と研究計画を確認できていますか？

利用者が資料の利用と研究に対し責任を持つことのできる身分であることを確認しましたか？（学生の研究である場合には，その指導教員や研究室主宰者の利用となることを確認のうえ，利用手続きを進める）

利用者の標本取扱いについての習熟度を確認し，必要に応じて取扱いのレクチャーを実施しましたか？

　　＊熟練者でない場合，常時立ち合うことが望ましい

採取リストを確認しましたか？

サンプル採取後にも，葉・花・果実などの相同形質が複数残ることを確認していますか？

　　＊花などの相同形質が残り少ない場合は，そこからのサンプル採取は許可しない

タイプ標本などの貴重な標本をサンプル採取の対象にしていないことを確認しましたか？

　　＊タイプ標本や貴重な標本の形状改変は特に避けるべき

利用者がサンプルを採取する前に，標本の形状がわかる写真を撮影しましたか？

サンプル採取箇所がわかるよう，利用者が採取時にタグをつけたことを確認しましたか？

利用者がサンプルを採取後に，改変形状がわかる写真を撮影しましたか？

研究成果公開時に成果物（論文の別刷りや PDF ファイルなど）をもらえるよう依頼しましたか？

（研究成果発表後）標本引用がなされた研究成果の情報を，標本データベースなどに記録しましたか？

（研究成果発表後）論文で利用された標本に，論文情報のアノテーションを貼りましたか？

謝辞

本論文を執筆するにあたり，瀬能宏さん，田中徳久さん（神奈川県立生命の星・地球博物館），海老原淳さん，田中伸幸さん（国立科学博物館），村上哲明先生（東京都立大学牧野標本館）には，多くの有益なアドバイスを頂きました。長野県環境保全研究所植物標本庫（NAC）の尾関雅章さん，柳澤衿哉さん，横須賀市自然・人文博物館（YCM）の山本薫さんには，標本からの DNA 解析用サンプルの採取を許可していただきました。尾関さんには，本論文での標本写真の公開も認めて頂きました。神奈川大学の小玉あすかさん，鮎澤勘太さん，志村映実さんは，標本からの実際のサンプル採取で貢献してくださいました。中濱直之さん，中臺亮介さんは，なかなか筆が進まなかった著者らを根気強く激励してくださいました。これらの方々に，心より感謝申し上げます。

なお，本論文に関する研究成果の一部は，2017 年度神奈川大学共同研究奨励助成金（課題名：丹沢山塊における大気汚染物質の沈着と環境影響），2018 年度神奈川大学総合理学研究所共同研究助成（RIIS201807），JSPS 科研費 JP18K06394，JP20K06096，JP21K01008，JP21K01012，JP21K05643，JP22K06355 の支援を受けたものです。

引用文献

海老原淳. 2016. 21 世紀のハーバリウム活用とその課題. 分類 **16**: 31–37.

Feng, S. *et al.* 2019. The Genomic Footprints of the Fall and Recovery of the Crested Ibis. *Current Biology* **29**: 340–349. e347.

藤井伸二. 2009. 標本記録に基づいた近畿地方北部におけるキク科オナモミ属 3 種の過去の変遷. 保全生態学研究 **14**: 67–72.

平澤優輝ほか. 2016. 標本種子の発芽可能性の評価と標本作製および管理方法の種子寿命への影響. 分類 **16**: 39–46.

Jiang, N. *et al.* 2022. Herbarium phylogenomics: Resolving the generic status of the enigmatic *Pseudobartsia* (Orobanchaceae). *Journal of Systematics and Evolution* **60**: 1218–1228.

小菅桂子ほか. 2004. 生物系収蔵資料に含まれるDNAに及ぼすヨウ化メチル燻蒸剤の影響. 分類 **4**: 17–28.

Kothari, S. *et al.* 2022. Reflectance spectroscopy allows rapid, accurate and non-destructive estimates of functional traits from pressed leaves. *Methods in Ecology and Evolution* (Online Version of Record before inclusion in an issue)

Matsuhashi, S. *et al.* 2016. Invasion history of *Cardamine hirsuta* in Japan inferred from genetic analyses of herbarium specimens and current populations. *Biological Invasions* **18**: 1939–1951.

Nakahama, N. 2021. Museum specimens: An overlooked and valuable material for conservation genetics. *Ecological Research* **36**: 13–23.

新田梢ほか. 2020. 神奈川県産の腊葉標本を用いたミズヒキの葉の斑紋変異の地理的分布. 神奈川自然誌資料 **41**: 1–3.

Rabeler, R. K. *et al.* 2019. Herbarium practices and ethics, III. *Systematic Botany* **44**: 7–13.

Ramirez-Parada, T. H. *et al.* 2022. Herbarium specimens provide reliable estimates of phenological responses to climate at unparalleled taxonomic and spatiotemporal scales. *Ecography* **2022**: e06173.

Raxworthy, C. J. & B. T. Smith. 2021. Mining museums for historical DNA: advances and challenges in museomics. *Trends in Ecology & Evolution* **36**: 1049–1060.

志賀隆. 2013. 自然史標本を取り巻く管理者・採集者・利用者の関係：よりよい標本の保存・収集・利用を行っていくために (連載2 博物館の生態学 (22)). 日本生態学会誌 **63**: 375–383.

Shirai, M. *et al.* 2022. Development of a system for the automated identification of herbarium specimens with high accuracy. *Scientific Reports* **12**: 8066.

Sugita, N. *et al.* 2020. Non-destructive DNA extraction from herbarium specimens: a method particularly suitable for plants with small and fragile leaves. *Journal of Plant Research* **133**: 133–141.

高野温子ほか. 2020. 植物標本デジタル画像化とOCRによるラベルデータ自動読みとり手法の開発. 植物地理・分類研究 **68**: 103–119.

Willis, C. G. *et al.* 2017. Old plants, new tricks: Phenological research using herbarium specimens. *Trends in Ecology & Evolution* **32**: 531–546.

Wolkis, D. *et al.* 2021. Germination of seeds from herbarium specimens as a last conservation resort for resurrecting extinct or critically endangered Hawaiian plants. *Conservation Science and Practice* **4**: e576.

執筆者紹介 (五十音順)
所属は執筆時のもの

伊藤 元己（いとう もとみ）（第6章）

東京大学 名誉教授
1987年に京都大学大学院理学研究科において，スイレン目の比較形態学的研究で理学博士を取得。東京都立大学牧野標本館助手，千葉大学理学部助教授，東京大学大学院総合文化研究科教授を経て，2021年に退職。現在もキク科植物を中心とした種分化，系統進化の研究を続けている。

岩崎 貴也（いわさき たかや）（責任編集，第9章，第14章）

お茶の水女子大学基幹研究院 講師
2010年に首都大学東京において，日本の温帯林樹木についての分子系統地理学的研究で博士（理学）を取得。学振特別研究員（PD），神奈川大学特別助教などを経て，2021年より現職。野生生物における様々な地理的変異，そしてそれらが形成されたプロセスとメカニズムの両方に興味を持ち，系統地理・集団遺伝・ゲノミクス解析などを活用した研究に取り組んでいる。

大西 亘（おおにし わたる）（責任編集，第14章，コラム5）

神奈川県立生命の星・地球博物館 主任学芸員
2010年に九州大学大学院理学府博士課程中退（理学修士），神奈川県立生命の星・地球博物館で維管束植物を担当。2020年より現職。カヤツリグサ科植物の分類と進化，植物標本を対象とした博物館資料の学術情報流通，特に研究成果とその証拠標本である引用博物館資料との相互参照系の構築に関心がある。

表 渓太（おもて けいた）（第2章）

北海道博物館 学芸員
2016年に北海道大学大学院理学院自然史科学専攻でシマフクロウの保全遺伝学的研究で博士（理学）を取得。2015年より現職で脊椎動物を担当。幼少期から山が遊び場で，大学からは北海道でヒグマなど動物を追いまわす。生き物そのものを観察するよりも足跡や糞，DNAといった痕跡を調べる方が好きかも。

兼子 伸吾（かねこ しんご）（第7章）

福島大学共生システム理工学類 准教授
2008年広島大学国際協力研究科で絶滅危惧植物の遺伝的多様性に関する研究で博士（学術）を取得。京都大学農学研究科研究員，福島大学共生システム理工学類特任助教を経て現職。様々な生き物を対象に「どんな繁殖をしてきたか」をDNA解析で調べている。好きな言葉は「枯れた技術の水平思考」。

岸田 拓士（きしだ たくし）（第4章，第11章）

日本大学生物資源科学部 教授
京都大学大学院理学研究科生物科学専攻修了，博士（理学）。京都大学野生動物研究センター特定助教，ふじのくに地球環境史ミュージアム准教授などを経て，2023年より現職。40代になってから始めた古代DNA研究にどっぷり浸る毎日です。地質学や歴史学と深くリンクしたゲノム科学を展開していきたいなぁ。

岸本 圭子(きしもと けいこ)（コラム2）

龍谷大学先端理工学部 准教授
2008年に京都大学大学院人間・環境学研究科において，東南アジア熱帯雨林の植食性昆虫群集の季節性や年次変動に関する研究で博士（人間・環境学）の学位を取得。DNAバーコード情報をもとに，主に肉眼での観察が難しい生態系での昆虫とその他の生物との種間関係について研究をしている。

杉田 典正(すぎた のりまさ)（第13章）

東京大学先端科学技術研究センター動物言語学分野 特任研究員
2011年に立教大学大学院理学研究科でオガサワラオオコウモリのねぐら様式の生態と進化に関する研究で博士（理学）を取得。国立科学博物館，国立環境研究所，京都大学理学部等を経て現職。博物館資料の研究活用を促進するために標本を壊さずにDNAを抽出する技術開発とその応用に取り組んでいる。

鈴木 雅大(すずき まさひろ)（コラム1）

鹿児島大学大学院連合農学研究科　助教
2008年に東邦大学大学院理学研究科において，日本産紅藻マサゴシバリ目の分類学的研究で博士（理学）を取得。台湾海洋大学海洋生物研究所ポスドク研究員，東京大学大学院理学研究科特任研究員を経て，現職。大形藻類の分類学的研究が専門。主に海産の紅藻類を対象として新種の記載や日本新産種の報告を行っている。

遠山 弘法(とおやま ひろのり)（第5章）

桜美林大学リベラルアーツ学群　准教授
2009年に九州大学大学院理学府において，スミレ属2種の種分化・集団分化の研究で博士（理学）を取得。九州大学学術研究員，琉球大学特命助教，国立環境研究所特別研究員を経て，現職。専門は生態学，集団遺伝学，植物分類学をベースとした，多様性生物学。フィールドワークと分子系統学的手法を用いた研究を展開している。

仲里 猛留(なかざと たける)（コラム4）

情報・システム研究機構（ROIS）ライフサイエンス統合データベースセンター（DBCLS）特任助教，2022年6月より（独）製品評価技術基盤機構（NITE）バイオテクノロジーセンター（NBRC）主査
2008年に大阪大学大学院情報科学研究科でキーワードによる遺伝子・疾患の特徴分析に関する研究で博士（情報科学）を取得。バイオ系データベースに長く関わっているが，学部，修士課程は魚の遺伝子クローニングを行っていた。昆虫好き。Museomics研究会の初期からのメンバーで #museomejp のハッシュタグで情報発信している。

長太 伸章(ながた のぶあき)（第3章）

国立科学博物館人類研究部 特定研究員
2008年に京都大学大学院理学研究科でオオオサムシ亜属甲虫の進化史の研究で博士（理学）の学位を取得。専門は分子系統学や分子系統地理学。日本酒を飲みつつドラフトの結果を見てあれこれ考えるのが楽しい。

中臺 亮介 (責任編集, 第 10 章)
横浜国立大学大学院環境情報研究院 講師
2017 年に京都大学生態学研究センターでカエデ属植物とハマキホソガ属蛾類の相互作用に関する研究で博士（理学）を取得。学振特別研究員（PD），国立環境研究所特別研究員を経て，2023 年より現職。同大都市科学部及び総合学術高等研究院に兼務。生物多様性研究の多様性に魅せられ，多種多様な研究に邁進している。

中濱 直之 (責任編集, 第 1 章, 第 8 章, 第 12 章)
兵庫県立大学自然・環境科学研究所 准教授，兵庫県立人と自然の博物館 主任研究員
2017 年に京都大学大学院農学研究科において，絶滅危惧種の保全遺伝学的研究で博士(農学)を取得。東京大学大学院総合文化研究科 学振 PD を経て 2024 年より現職。生物標本や現在のサンプルの遺伝解析，またフィールド調査などにより，人間活動による野生生物への影響と絶滅危惧種の保全方法を研究している。

松林 順 (コラム 3)
福井県立大学 准教授
2015 年に京都大学生態学研究センターにおいて，ヒグマの同位体分析に関する研究で博士（理学）を取得。中央大学助教，水産研究・教育機構主任研究員を経て，現職。近年は大型の脊椎動物を対象とした時系列同位体分析手法の開発に取り組んでいる。これを応用して個体レベルの生態学研究を展開したい。

生物名索引

Aglaia 102
  elaeagnoidea 101, 102
  korthalsii 101
  odoratissima 101
Aplothorax burchelli 50
Chionanthus microstigma 104
Cinnamomum 103
  bejolghota 103
  cambodianum 103
  camphora 103
  chekiangense 103
  litseifolium 103
  polyadelphum 103, 104
  triplinerve 103
  wilsonii 103
Cleistanthus sumatranus 102
Dehaasia cuneata 104
Euphorbia 106, 107
  abyssinica 107
  ambarivatoensis 107
  bokorensis 106, 107
  cactus 107
Eustigma 105
  balansae 105
  honbaense 105
  oblongifolium 105
Fortunearia sinensis 105
Guarea silvatica 101
Heckeldora staudtii 101
Lindera
  benzoin 103
  umbellata 103
Machilus 107
  angustifolia 107–109
  bokorensis 107–109
  brevipaniculata 107–108

  cambodiana 107–109
  elephanti 107–109
  seimensis 107, 108
Noahdendron nicholasii 105
Ocotea cernua 103
Parrotia subaequalis 105
Phoebe lanceolata 104
Reinwardtiodendron kinabaluense 101
Sassafras albidum 103
Syzygium 属 104
Xerospermum noronhianum 101, 102
アカミミガメ 79
アツモリソウ 139
アブラゼミ *Graptopsaltria nigrofuscata* 57
イシガキニイニイ *Platypleura albivannata* 65
イヌ 79, 153
イワキアブラガヤ *Scirpus hattorianus* 137, 196
ウシガエル 79
ウスイロヒョウモンモドキ 22
エゾオオカミ 152
エゾシカ 152
エゾハルゼミ *Terpnosia nigricosta* 57
オオシマゼミ *Meimuna oshimensis* 57
オオツノジカ 83
オオヤマネコ 79
オガサワラシジミ *Celastrina ogasawaraensis* 27, 65
オキゴンドウ *Pseudorca crassidens* 88
カマイルカ *Lagenorhynchus obliquidens* 87, 88, 180
クアッガ 80, 81
クガイソウ 15
クジラ 83
クニマス *Oncorhynchus kawamurae* 65

クロイワツクツク *Meimuna kuroiwae* 57
コウゾリナ 16
コヒョウモンモドキ *Melitaea ambigua* 15,
　16
シマフクロウ *Bubo blakistoni* 34
スズサイコ 14
ステラーカイギュウ 83
セフリアブラガヤ *Scirpus georgianus* 137
タニギキョウ 139
タンチョウ *Grus japonensis* 34
ツキノワグマ 181
ツクツクボウシ *Meimuna opalifera* 57
トウダイグサ 139
トウワタ属 99
ナウマンゾウ 79
ナガサキアゲハ 23
ニホンアシカ 79
ニホンオオカミ 79
ニホンカモシカ 154
ニホンザル 154
ニホンジカ 154

ネアンデルタール人 *Homo neanderthalensis*
　49, 182
ネコ 79
ハルゼミ *Terpnosia vacua* 57
ハンドウイルカ *Tursiops truncatus* 88, 89
ヒグマ 151
ヒグラシ *Tanna japonensis* 57
ヒト 81
ヒメマルカツオブシムシ 55
マイルカ類 86
マンモス 83
ミナミハンドウイルカ *Tursiops aduncus* 88,
　89
ミヤマシロチョウ *Aporia hippia* 23
ミヤママコナ 15
ミンミンゼミ *Hyalessa maculaticollis* 57
リュウキュウアブラゼミ *Graptopsaltria*
　bimaculata 57
ロードハウナナフシ *Dryococelus australis*
　50
現生人類 *Homo sapiens* 49

事項索引

【人名】

ウィルソン, アラン 79
ペーボ, スバンテ 80

【英字】

AHE → Anchored Hybrid Enrichment 法
Anchored Hybrid Enrichment 法 (AHE)
　167

Barcode of Life Data System → BOLD
　(Barcode of Life Data System)
Bayesian Skyline Plot 法 22
BHL (Biodiversity Heritage Library) 202
Biodiversity Heritage Library → BHL

Biodiversity Information
　Standards → TDWG
BOLD (Barcode of Life Data System)
　113, 126, 205

COI 遺伝子 205
Collaboration → INSDC

Darwin Core 200
DDBJ (DNA Databank of Japan) 203
ddRAD-seq (double digest restriction site
　associated DNA sequence) 161
DNA Databank of Japan → DDBJ
DNA 低吸着性チューブ 194
DNA バーコーディング 95, 205

DNA 分析 37
DNA ミニバーコード 98
D 統計 182

Earth BioGenome Project 29, 99, 206
EBI (European Bioinformatics Institute) 203
EDTA 86, 192
Encyclopedia of Life → EoL
EoL (Encyclopedia of Life) 202
EST-SSR (expressed sequence tag-SSR) 144
European Bioinformatics Institute → EBI
expressed sequence tag-SSR → EST-SSR

FFPE Repair 161
F_{ST} 38

GBIF Backbone Taxonomy 206
GenBank 203
GRAS-Di (genotyping by random amplicon sequencing-direct) 161, 169

Hybridization RAD (hyRAD) 168
hyRAD → Hybridization RAD

iBOL (International Barcode of Life) 126
INSDC (International Nucleotide Sequence Database Collaboration) 203
International Nucleotide Sequence Database
ISSR (inter simple sequence repeat region) 23, 157
ITS 配列 62, 205

JBIF → 日本生物多様性情報イニシアチブ

matK 遺伝子 95, 194, 205
MHC (主要組織適合遺伝子複合体) 33
MIG-seq 法 (Multiplexed ISSR genotyping by sequencing) 23, 99, 127, 145, 157, 169
MPM-seq 99
Multiplexed ISSR genotyping by sequencing → MIG-seq 法

National Center for Biotechnology Information → NCBI
NCBI (National Center for Biotechnology Information) 203
NCBI Taxonomy 206

PCR 法 → ポリメラーゼ連鎖反応法
Proteinase K 60, 159, 192, 195
PSMC (pairwise sequentially Markovian coalescent) 178

RAD-seq → restriction-site associated DNA sequencing
rbcL 遺伝子 95, 194, 205
RefSeq 204
restriction-site associated DNA capture 法 (Rapture) 168
restriction-site associated DNA sequencing (RAD-seq) 168

SDS → ドデシル硫酸ナトリウム
simple sequence repeat → SSR
S-Net → サイエンスミュージアムネット
SNP → 一塩基多型
SSR → 単純反復配列

Taxonomic Databases Working Group → TDWG
TDWG (Biodiversity Information Standards) 200
TE バッファー (TE buffer) 193, 194
Tris-HCl 192

UCEs → ultra conserved elements

ultra conserved elements（UCEs）61, 168
UNITE 205

【ア行】

アガロースゲル電気泳動 87
アレル
　ゴースト―― 147
　ヌル―― 147
　半ヌル―― 147
安定同位体→同位体

遺存種 107
遺存体 80
一塩基多型（Single nucleotide polymorphism; SNP）23, 157
一方通行ルール 83
遺伝資源 95
遺伝子座 17, 26, 128, 136, 145, 160, 177
遺伝子流動 38, 41
遺伝的救済 28
遺伝的多様性 14, 19, 33
遺伝的浮動 22, 33

ウラシル化→脱アミノ化

エキソン 167
エクソームシーケンス（Whole exome sequencing, Whole exome capture, Whole coding sequence）168
エタノール 52, 187, 193

大型動物（メガファウナ）83
オカレンス 199
押し葉標本→植物乾燥標本
押葉標本→植物乾燥標本

【カ行】

環境 DNA 81, 173
環境省レッドリスト 16, 23
緩衝液 192

疑似 2 倍体（pseudo-diploid）180
近交弱勢 28
近親交配 28, 29, 33, 38

空間的遺伝構造 15, 21, 22
クチクラ層 195
クリーンルーム 81
黒ボク土 18
燻蒸 55, 162, 220

系統解析 57, 61, 99, 107, 123, 196
ゲノミクス 28
ゲノム 28, 29, 37, 51, 63, 72, 97, 99, 114, 125, 128, 143, 177, 203, 205, 220
ゲノム縮約法 157
ゲノムスキミング法 99, 128
ゲノムワイド変異 157

ゴーストアレル→アレル
国内希少野生動植物種 16
古代 DNA 53, 79, 173
個体群動態 178
コラーゲン 86, 151
コンタミネーション 80, 135, 188

【サ行】

サイエンスミュージアムネット（S-Net）46, 201, 221
再導入 24, 26, 41
酢酸エチル 187
腊葉標本→植物乾燥標本
サンガーシーケンサー 87, 143
サンガー法 97, 126

シーケンスキャプチャー法→ターゲットキャプチャー法
次世代シーケンサー（超並列シーケンサー）37, 70, 95, 98, 123, 157, 171, 177
集団構造 37
種間交雑 182

種の保存法（絶滅のおそれのある野生動植物の種の保存に関する法律）22, 222
主要組織適合遺伝子複合体→MHC
証拠標本→標本
称名寺貝塚 84
縄文時代 18, 22, 23, 84
植物乾燥標本→乾燥標本
除染（de-contamination）82
ショットガンシーケンス 17, 220

生息域外保全 28
正基準標本→タイプ標本
生物多様性 15, 79, 95, 191, 199
生物多様性情報学（biodiversity informatics）199
絶滅危惧種（分類群）13, 33, 191
絶滅種（分類群）191
絶滅のおそれのある野生動植物の種の保存に関する法律→種の保存法
絶滅の負債 21
選定基準標本→タイプ標本

【タ行】

ターゲットキャプチャー法（シーケンスキャプチャー法）129, 167
タイプ標本→標本
対立遺伝子多様度 19
脱アミノ化（ウラシル化）52, 145, 160
脱灰 84
単純反復配列（simple sequence repeat; SSR）127, 144, 157
断片化 168-173

地球規模生物多様性情報機構（GBIF; Global Biodiversity Information Facility）199, 221
超並列シーケンサー→次世代シーケンサー

同位体 149
　安定―― 151, 154

　放射性―― 154
特別天然記念物 43
ドデシル硫酸ナトリウム（SDS）192

【ナ行】

日本生物多様性情報イニシアチブ（Japan Initiative for Biodiversity Information; JBIF）201

ヌルアレル→アレル

ネガティブ抽出 86

【ハ行】

ハイブリダイゼーション 129, 167
剥製標本→標本
ハプロタイプ 38
パラフィルム 187
半自然草原 15
半ヌルアレル→アレル

ビオチン化 168
非破壊 DNA 抽出法（標本からの）192
標本
　乾燥―― 25, 52, 144, 158
　　植物――
　　　腊葉（押葉・押し葉）―― 192, 194, 219
　証拠―― 98, 104, 110, 114, 116, 117, 129, 192, 196, 213, 220
　タイプ―― 69, 102, 191, 203, 235
　　正基準標本（ホロタイプ）69
　　選定基準標本（レクトタイプ）69
　剥製―― 34
標本庫 49, 51, 73, 76, 97, 102, 130, 191, 203
標本室 219, 235
標本室コード（herbarium code）225
標本番号 212, 224, 230, 235

プライマー 70, 86, 96, 98, 116, 124, 136,

143, 194
フレームシフト 28
プローブ 129, 167
プロテイナーゼ K → Proteinase K
プロピレングリコール 187

ベイトプローブ 172
ヘテロ接合度期待値 19

法医学 91
放射性炭素年代測定 88
放射性同位体 → 同位体
捕鯨 83
保全遺伝学 15, 34, 191
保全単位 21, 196
ボトルネック効果 41
ポリメラーゼ連鎖反応（PCR）法 80
ホロタイプ → 正基準標本

【マ行】

マイクロサテライト 37, 126
 ——解析 16, 143
 ——マーカー 143

ミトゲノム 61
ミトコンドリア 37
 ——D-loop 87

メガファウナ → 大型動物
メタデータ 199

【ヤ，ラ行】

野生復帰 24

有害遺伝子 28
有効集団サイズ 15, 178

レクトタイプ → 選定基準標本

種生物学会（The Society for the Study of Species Biology）

植物実験分類学シンポジウム準備会として発足。1968 年に「生物科学第 1 回春の学校」を開催。1980 年，種生物学会に移行し現在に至る。植物の集団生物学・進化生物学に関心を持つ，分類学，生態学，遺伝学，育種学，雑草学，林学，保全生物学など，さまざまな関連分野の研究者が，分野の枠を越えて交流・議論する場となっている。「種生物学シンポジウム」（年 1 回，3 日間）の開催および 学会誌の発行を主要な活動とする。

●**運営体制**（2024 年）

　　会　　長：西脇 亜也（宮崎大学）
　　副 会 長：工藤 洋（京都大学）
　　会計幹事：下野 嘉子（京都大学）
　　学 会 誌：英文誌　Plant Species Biology（発行所：John Wiley & Sons, Inc.）
　　　　　　　編集委員長／三宅 崇（岐阜大学）
　　　　　　　和文誌　種生物学研究（発行所：文一総合出版，本書）
　　　　　　　編集委員長／西脇 亜也（宮崎大学）
　　学会 H P：https://www.speciesbiology.org

タイムカプセルの開き方
博物館標本が紡ぐ生物多様性の過去・現在・未来

2024 年 10 月 31 日　初版第 1 刷発行

編●種生物学会
責任編集●中濱 直之・中臺 亮介・岩崎 貴也・大西 亘
©The Society for the Study of Species Biology　2024

カバー・表紙デザイン●村上美咲

発行者●斉藤　博
発行所●株式会社　文一総合出版
〒 102-0074　東京都千代田区九段南 3-2-5
ハトヤ九段ビル 4F
電話●03-6261-4105
ファクシミリ●03-6261-4236
郵便振替●00120-5-42149
印刷・製本●モリモト印刷株式会社

定価はカバーに表示してあります。
乱丁，落丁はお取り替えいたします。
ISBN978-4-8299-6212-1　Printed in Japan
NDC 460　判型 148 × 210 mm 248 p.

JCOPY ＜（社）出版者著作権管理機構 委託出版物＞

本書（誌）の無断複製は著作権法上での例外を除き禁じられています。複製される場合は，そのつど事前に，出版者著作権管理機構（電話 03-5244-5088，FAX 03-5244-5089，e-mail: info@jcopy.or.jp）の許諾を得てください。